新版
基本統計学

本田 勝　石田 崇　著

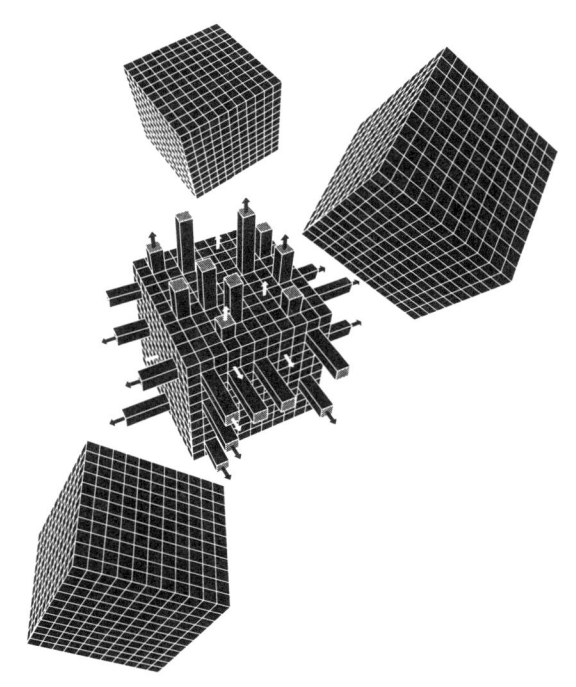

産業図書

まえがき

　情報化があらゆるところに，急激に浸透してきている今日の世の中で，われわれの周辺にも様々なデータが大量に存在しているし，またこれらのデータを利用できる環境も拡大している．このような社会であるからこそ，これらのデータを正しく選択して，有用なものは積極的に利用していくことが，個人あるいは社会活動の中では非常に重要になってきている．その際，統計的考え方をしっかりもって利用していかなければ，せっかくの有用なデータも無意味なものになってしまうであろう．従来は統計学というと，実験や観測データを扱う理学系や工学系の分野だけの学問と見なされがちであったと思うが，いまやその対象とする範囲は，経済学や経営学の分野はいうまでもなく，文学，社会学，教育学，心理学，体育学などなど数え上げればきりがないほど，様々な分野に広がってきている．

　著者のひとりが前著 "基本統計学" を著してから 10 年以上が経過した．その著書の主旨は，専門外だと考えていた分野の人達が，はじめて統計学を学んでいくための指針書として準備したものであった．したがってこの前著は本務の大学をはじめ他のいくつかの大学の統計学の講義の教科書として使用してきた中で，受講生に統計学の考え方を理解してもらうのにそれなりに大いなる役割を果たしてきた．これらの経験をもとに，さらに判りやすい説明に変えたり，ある部分は説明を大幅に加えたり，また 1 年間の量的な配分を考えて，ある部分は削除したりして，本書では新しい版とした．

　統計学は，記述統計学と呼ばれる，まずデータをながめてこれを整理してみる部分と，推測統計学と呼ばれる，整理したものを利用してデータが採られた元の集団に関する情報を引き出す部分とに分けることができる．読者の中には，この前者の部分に関してはすでになんらかの知識をもっていることも考えられるが，統計学の考え方の流れとして，記述統計，推測統計の順に述べてあり，一通りの統計学の知識が習得できるようにつとめた．

　推測統計学を説明するにあたっては，厳密には数学的な扱いが必要な部分

もあるが，本書は統計学の入門的教科書であるから，そのような部分は他書に譲ることにして，ここではその考え方をできる限り平易に述べてある．ただし，本文中に現れるごく基本的な数学の部分については付章で簡単に説明している．また各章の最後には，読者が知識を整理するのに役立つように，演習問題も豊富にのせてあり，巻末にはその略解もできる限りあげておいた．電卓片手に，またはパソコンを傍らに表計算ソフトを用いて，是非とも読者自ら解いてみて欲しい．コンピュータの発達普及は，学問そのものはいうまでもなく，教育の現場にも急速に取り入れられつつあり，教育効果に大いに寄与しているが，統計学を学んでいく過程でも積極的に利用することによって，机上での理解をさらに深めることができるであろう．

したがって本書でも，確率分布に関する図表はすべてコンピュータで描いたり作成したものをあげてあるし，標本分布や区間推定に関する統計実験もすべてコンピュータによって実行させたものをあげてある．読者は是非とも各自のパソコンによって自分自身で同様な試みをして欲しい．

本書によって，多くの読者が統計学に興味をもち，かつ正しい知識で各種のデータに接していってもらえることを切に望みたい．

終りに，本書の出版にあたって終始お世話になった産業図書株式会社の鈴木正昭氏には厚くお礼を申し上げたい．

2009年4月　　　著　者

目 次

まえがき

第1章 統計的方法   1
   1.1 母集団と標本   1
   1.2 記述統計と推測統計   2

第2章 標本データの整理   5
   2.1 データの種類   5
   2.2 データの整理と図表化   6
   2.3 位置の尺度   11
   2.4 ばらつきの尺度   19
   2.5 平均と分散の関係   23

第3章 確率   27
   3.1 順列と組み合わせ   27
   3.2 事象と標本空間   30
   3.3 確率の考え方   33
   3.4 条件付確率   37

第4章 確率分布   45
   4.1 確率変数と確率分布   45
   4.2 分布関数とその性質   48
   4.3 確率分布の平均と分散   51

第5章 いろいろな確率分布   57
   5.1 2項分布   57
   5.2 ポアソン分布   64
   5.3 一様分布   71
   5.4 指数分布   72

5.5 正規分布 74

第6章 標本分布　　83
6.1 標本平均の分布 83
6.2 中心極限定理 86
6.3 2項分布の正規近似 89
6.4 χ^2 分布 94
6.5 t 分布 96

第7章 推定　　101
7.1 母数の推定の考え方 101
7.2 点推定 101
7.3 区間推定 106
7.4 母平均の区間推定 106
7.5 母集団比率の区間推定 111
7.6 母分散の区間推定 113
7.7 推定の誤差 116

第8章 仮説検定　　121
8.1 検定の考え方 121
8.2 母平均の検定 126
8.3 母平均の差の検定 134
8.4 母集団比率の検定 136
8.5 母分散の検定 138

第9章 相関係数　　141
9.1 多変量解析とは 141
9.2 相関係数 142
9.3 回帰直線 145
9.4 相関係数の推定と検定 149

第10章 χ^2 検定　　153
10.1 適合度検定 153
10.2 分割表 157

付　章　　165

A.1 ギリシャ文字 165
A.2 集合 165
A.3 Σ記号とΠ記号 167
A.4 指数関数の定義 170
A.5 マクローリン展開 171

付　表　　173

付表 I ：e^{-x} の値 173
付表 II ：正規分布表 174
付表 III：χ^2 分布表 175
付表 IV：t 分布表 176

演習問題略解　　177

索　引　　181

第1章 統計的方法

1.1 母集団と標本

　統計学の中でデータを扱うとき，2つの場合が考えられる．1つは国勢調査のように，対象となるものをすべて調査して得られるデータであり，このような調査を**全数調査**という．もう1つは世論調査のように，対象となるものの一部分だけを調査して得られるデータであり，このような調査を**標本調査**という．

　いずれの場合も，対象となるもとのデータの集りのことを**母集団**（population）という．母集団を構成するデータの個数は有限の N 個のこともあるが，無限個のこともあり，それぞれ**有限母集団**あるいは**無限母集団**という．たとえ有限母集団であっても N が大きい場合には，母集団全体を調べあげることは多大な労力，経費あるいは時間を要するから，通常は母集団の中の一部の調査から得られるデータを取り扱うことの方が多い．このようにして得られたデータのことを**標本**（sample）といい，標本に含まれるデータの個数を**標本の大きさ**という．次章以下で述べる**統計的手法**とは，この標本をもとにして，対象とする母集団の特性に関する結論を引き出すことである．

　ところで標本はどのようにして選んだらいいだろうか．少数の標本から母集団についての結論を下すのであるから，その標本は母集団全体を充分に代表していること，すなわち母集団を縮約しているものでなければならない．このような選び方として，母集団のどの要素も標本として選ばれるチャンスが同じになるようにする**無作為抽出**（random sampling）という方法がとられる．例えば，箱の中をよくかきまぜてから一枚のくじを引くときの方法と同じ考え方である．

　無作為性は，選ばれる確率が等しいという原則にしたがって達成されるが，母集団の構成要素に単に番号をつけておいて選び出す**単純無作為抽出法**（simple random sampling）のほかに，母集団の構成が複雑になっているようなときは，標本抽出の仕方にもいろいろ工夫がなされている．母集団をいくつかの層に分け，それぞれの層から別々に無作為標本を取り出す方法を**層化抽**

出法（stratified sampling）という．このとき各層から取り出す標本の数を層の大きさに比例するように定める方法を**比例抽出法**（proportional sampling）という．

また地域的に広い範囲の調査を行うようなときは，地域全体を多くの小さな地域に分割し，はじめに無作為抽出によって小地域を選んでおき，つぎにそれぞれの小地域から無作為標本を選ぶとか，さらに小地域を何段階にも分けていって，最後に無作為標本を選ぶという方法を**集落抽出法**（cluster sampling）という．

以上のようないろいろな標本抽出法のどれを用いるにしても，基本にあるのは無作為抽出でなければならないということである．従来は乱数サイや乱数表を利用するという時代があったが，コンピュータが発達普及してきた今日では，これらに代わってコンピュータで乱数を生成させ，標本の抽出対象を決めることが多くなってきている．また世論調査やアンケート調査では，RDD（random digit dialing）方式と呼ばれる電話を利用した調査も多く行われてきている．

1.2 記述統計と推測統計

前節で述べた方法で標本が選ばれたら，それらを要約し標本データの中身を分析する．とにかく n 個のデータが手元に集められたとき，その度数分布表を作ったり，ヒストグラムを描いたり，あるいは平均や分散などの値を求める．この過程を**記述統計**（descriptive statistics）といい，統計学がこの世で使われはじめてから長年の間の考え方であった．しかしながらわれわれに欲しいのは母集団の様子であって，その一部である標本の情報ではない．標本が母集団を完全に縮約しているとはとうてい期待できないし，標本をとるたびに中身は違ったものが現れ，記述統計で得られた情報がそのまま母集団にもあてはまるというわけにはいかない．もちろん全数調査のように集団をすべて調査しての記述統計の結果であれば，それらがそのまま母集団にもあてはまることになるが，そのようなことは一般には不可能である．そこで僅かな標本から母集団についての情報を引き出さなければならない．そのための統計的方法の過程を**推測統計**あるいは**統計的推測**（statistical inference）という．この推測がどのくらい信頼できるかは，標本がどのくらいたくさんの母集団の情報を含んでいるかに左右されることになるが，そのための標本抽出の方法が前節で述べたようなものである．

われわれがこれから学んでいく統計学は，このように母集団から標本を取り出し，それをいろいろに加工整理し，記述し，それらの情報から再び母集団に目を向け，母集団

図 1.1

に関する結論を導き出すという1つのサイクルの過程を学び取ることである．

ところで統計的推測には2つの考え方がある．母集団のある特性値を**推定** (estimate) することと，あらかじめ特性値についてのある仮説を設けておいて，それを**検定** (test) することである．母集団の特性値のことを**母数** (parameter) あるいは**パラメータ**というが，母数の推定 (estimation) と仮説検定 (test of hypothesis) の問題を例をあげて考えてみよう．

いま，ある新聞社が現内閣の支持率について知りたいとしよう．知りたいのは全国の有権者がどれだけ支持しているかであるから，何千万人かの有権者をすべて調査すれば真の支持率 p を知ることができる．しかしそれは不可能であるから，標本調査に頼ることになる．このとき，たった1回だけの標本調査から得られる支持率 p' そのものを p の代わりとして採用することもあるし，また p' を用いて真の値 p の存在範囲をある信頼度をもって定めるということも行われる．これが母数 p の推定の問題である．前者のように p' を p の推定とすることを**点推定**を求めるという．また後者の場合，信頼度を確率 α で表現し，p' からそれの関数である $f(p')$ と $g(p')$ を定め，$Pr\{f(p') < p < g(p')\} = \alpha$ となる p のありかの区間 $[f(p'), g(p')]$ を求めることを p の**区間推定**を行うという．

つぎに，過去の調査から p が p_0 として推定されているのだが，どうも最近支持率が上がってきているようだとか，あるいは下がってきているようだと考えられるとき，再び標本調査を行い p' を求めてみる．そしてその結果をもとにして仮説 $H_0 : p = p_0$ が正しいかどうかを判断する．これが統計的仮説検定の問題である．仮説を捨てるかどうかの判断には確率的評価が行われる．

このように統計的推測法は，不確実性を伴う身の回りの自然現象や社会現象に対応する方法として非常に有効である．もちろん人間の長年の経験や知識あるいは場合によっては直感などによって問題を解決することもあるだろう．したがって，すべてが統計的方法によって解決されているわけではないが，統計学の手法が利用できるところでは積極的にこれを利用し，科学的な判断や意思決定を行うよう心がける必要があろう．

第2章 標本データの整理

2.1 データの種類

標本として得られるデータにはいろいろな種類のものがあるから，まずそれらをまとめておこう．

分類の仕方にもいくつかあるが，1つは量的データと質的データという分け方，つぎにデータの測られる尺度の違いによる分け方である．**量的データ**とは，長さ，時間，個数あるいは温度，ある種の試験の点数などのように各データ間の量的な間隔（距離）がはっきりしているデータであり，**質的データ**とは，男女の性別や作物の品種のようにデータの間に大小関係のないものや，品種の等級とかスポーツや成績の順位のように各等級や順位間の量的な間隔がはっきりしないデータである．

これらを尺度の違いによってさらに分けると，量的データは比例尺度で測られるものと間隔尺度で測られるものとがある．先の例で，長さや時間のように尺度の原点が絶対的に決まっているものが**比例尺度**であり，温度のように摂氏と華氏で原点が異なっているようなものが**間隔尺度**である．したがって比例尺度では通常の四則演算が可能であるが，間隔尺度では乗除算に意味がなくなる．つぎに質的データは分類尺度で測られるものと，順序尺度で測られるものとがある．先の例で大小関係が全くないものを**分類尺度**といい，等級や順位などを**順序尺度**という．

$$
\text{標本データ} \begin{cases} \text{量的データ} \begin{cases} \text{比例尺度 (ratio scale)} \\ \text{間隔尺度 (interval scale)} \end{cases} \\ \text{質的データ} \begin{cases} \text{分類尺度 (nominal scale)} \\ \text{順序尺度 (ordinal scale)} \end{cases} \end{cases}
$$

さらに量的データのもう1つの分け方として離散型データと連続型データがある．**離散型**とは人数や個数のように，その値が飛び飛びの値（一般には整

数値) しかとらないものであり，**連続型**とは長さや時間のように，ある範囲の任意の値をとるものである．いいかえると計数値と計量値の違いである．

$$\text{量的データ} \begin{cases} \text{離散型データ} \\ \text{連続型データ} \end{cases}$$

以下の章ではデータの分類というと，この最後に述べた分類で話を進めることがほとんどであるが，いままで見てきたようにわれわれの身の回りにはいろいろなデータが存在するから，標本として得られたデータがどのようなものかによって統計分析の仕方が違ってくることを注意しておこう．

2.2 データの整理と図表化

標本としていくつかのデータが手元に集められると，われわれはそれを質的データであれば同質のもの同士，また数値データであれば大きさの似たもの同士にまとめてみることによって，ただ漠然とデータをながめているだけでは得られないデータ全体の様子や傾向をよりはっきりつかむことができる．

表 2.1 ある大学の出身地域別入学者数

地域	入学者数 (人)	割合 (%)
関 東	1312	62.5
中 部	374	17.8
東 北	199	9.5
九 州	55	2.6
中 国	52	2.5
近 畿	44	2.1
北海道	35	1.6
四 国	29	1.4
合 計	2100	100.0

まとめ方には表の形で表す方法と図で表す方法とがあるが，図示しておくと，視覚で直観的にとらえられることから理解がしやすい．

表 2.1 は質的データの例であるが，このような表では絶対値の大きいカテゴリーから順に並べて，またその割合も同時にまとめておくとデータの様子がよくわかる．

つぎに数値データのなかの離散型の例をあげてみよう．表 2.2 はある消防署の 1 年間の 1 日当たりの 119 番の呼び出し回数である．

これらのデータを呼び出し回数ごとにまとめると，**度数分布表**と呼ばれている表 2.3 が得られる．

このような表があると，もとのデータがなくてもいろいろな情報を知ることができるし，原データよりもすみやかにデータ全体の様子をつかむことができる．例えば表 2.3 からは，年間を通して 1 日 5 回以上の呼び出しはなかっ

表 2.2 ある消防署の 1 年間の 1 日当たりの
119 番の呼び出しの回数

```
0 1 3 2 2 0 1 1 0 4 2 1 4 0 4 4 1 1 2 2
2 2 1 0 0 2 1 1 0 2 1 1 2 2 0 1 0 1 0 1
1 5 0 2 4 1 3 2 4 0 1 1 2 0 0 2 2 2 4 0
1 1 0 1 1 0 0 0 1 2 0 0 0 0 2 1 3 1 1 2
1 0 0 3 3 1 0 2 1 3 0 4 1 1 2 3 1 0 0 0
0 1 0 0 0 1 3 1 0 1 1 1 2 4 1 0 1 3 2 0
1 0 5 3 1 2 1 1 2 3 0 0 1 0 1 1 2 0 2 1
1 2 2 3 0 3 1 3 1 0 1 4 0 2 1 0 0 0 0 0
0 0 0 2 0 1 1 0 1 3 0 1 1 2 5 1 3 3 0 5
0 1 1 1 0 1 1 0 4 5 0 1 2 3 0 1 1 3 1 1
1 3 3 0 0 3 1 1 0 0 0 4 2 2 0 4 3 1 3 0
0 0 1 1 1 1 2 3 2 0 1 0 0 0 2 2 4 0 1
5 1 1 0 0 1 1 3 1 3 1 1 1 1 2 2 2 1 0 1
0 2 3 0 1 3 1 0 0 1 1 0 2 4 1 1 2 3 0 0
0 1 1 1 1 1 1 0 2 1 2 1 3 0 3 2 2 3 0 4
2 2 2 1 0 2 0 1 1 2 4 1 0 2 1 0 0 1 3 1
0 0 0 3 3 0 1 1 0 0 4 3 1 1 3 3 3 3 0 1
4 1 0 1 1 0 2 0 1 0 1 2 3 2 2 2 0 1 1 3
1 0 2 0 2
```

表 2.3 呼び出しの回数の度
数分布表

呼び出し回数	日 数
0	109
1	125
2	63
3	43
4	19
5	6
合 計	365

たとか,1 回の呼び出しがあったのはおよそ 3 日に 1 回だったとかが一目でわかる.また年間の総呼び出し回数も表 2.3 からつぎのように計算することができる.

$$0 \times 109 + 1 \times 125 + 2 \times 63 + 3 \times 43 + 4 \times 19 + 5 \times 6 = 486$$

もちろん,この値は表 2.2 のデータの総和にほかならない.

表 2.4 も離散型データの例であるが,ここでの度数分布表は 1 点きざみのまとめ方では細かすぎるので,5 点きざみの表にまとめたのが表 2.5 にあげてある.

最後に数値データの中の連続型の例として,ある学校の 80 人の生徒の体重が表 2.6 に,またその度数分布表が表 2.7 にあげてある.

表 2.4 50 人の生徒の数学の点数

67	56	73	58	80
75	79	75	84	81
76	74	69	76	92
73	80	74	72	86
76	61	74	84	68
55	74	75	85	74
89	76	70	77	73
59	67	55	81	93
71	72	76	87	65
85	56	87	79	98

表 2.7 の度数分布表は表 2.5 とは違って 2kg きざみになっているが,では与えられたもとのデータから度数分布表にまとめる方法について考えてみよう.

データを値の大きさによっていくつかに分類するとき,この大きさの組を**階級**(class)といい,階級に属するデータの個数を**度数**(frequency)という.

表 2.5 50 人の生徒の数学の点数の度数分布表

階級	下限	上限	度数
i	$l < x \leqq$	u	f
1	50.0	55.0	2
2	55.0	60.0	4
3	60.0	65.0	2
4	65.0	70.0	5
5	70.0	75.0	14
6	75.0	80.0	10
7	80.0	85.0	6
8	85.0	90.0	4
9	90.0	95.0	2
10	95.0	100.0	1
	合計		50

表 2.6 80 人の生徒の体重

48.0	44.1	49.9	44.6	52.3	50.5	52.1	50.7
53.9	52.8	51.1	50.5	48.5	51.2	56.7	50.0
52.3	50.2	49.7	54.6	51.2	45.5	50.4	54.0
48.1	43.5	50.4	50.5	54.2	50.3	55.7	51.0
49.1	51.4	50.0	45.1	47.7	43.7	52.7	56.9
49.2	49.7	50.9	54.7	47.0	54.0	44.2	54.7
52.1	58.5	47.1	53.7	52.9	50.4	54.0	48.7
47.0	51.4	51.1	50.1	51.2	57.4	48.1	49.9
54.9	54.8	50.5	52.0	56.0	49.2	51.8	41.8
54.0	46.0	49.2	53.9	50.0	47.2	51.1	51.2

表 2.7 80 人の生徒の体重の度数分布表(階級の幅が 2)

階級	下限	上限	度数
i	$l < x \leqq$	u	f
1	40.0	42.0	1
2	42.0	44.0	2
3	44.0	46.0	6
4	46.0	48.0	6
5	48.0	50.0	15
6	50.0	52.0	24
7	52.0	54.0	14
8	54.0	56.0	8
9	56.0	58.0	3
10	58.0	60.0	1
	合計		80

度数分布表には,各階級の度数の全度数に対する割合である**相対度数**(relative frequency)や,各階級以下の度数を表す**累積度数**(cumulative frequency),

さらに相対度数の和を表す**累積相対度数**も同時に表示しておくと，データ全体の分布の様子がより一層はっきりする．この相対度数は，のちの確率分布のところで扱われる確率に対応することになる．

データ数が少ないとき階級の数が多ければ，各階級の度数はおのずと小さくなるし，逆にデータ数が多いとき階級の数が少なければ，1つの階級の度数が極度に大きくなり，データを見やすくまとめるという本来の目的からはずれてしまう．階級の数をいくつにとるかの決まりはないが，目安として**スタージェス**（Sturges）**の式**と呼ばれているつぎの式がある．すなわちデータの数を n とすると，階級の数 k を

表2.8 スタージェスの式による n と k'

n	k'
10	4.3
50	6.6
100	7.6
500	10.0
1000	11.0
5000	13.3
10000	14.3

$$k' = 1 + \frac{\log n}{\log 2} \tag{2.1}$$

に近い整数で定める．

いくつかの n の値について k' の値を計算してみると表2.8のようになるから，(2.1) 式からそのつど厳密に k の値を求めなくても，データ数が100個以内であれば階級数を6か7ぐらいにとり，1000個ぐらいまでであれば階級数を10ぐらいにとると考えておけばよい．

各階級の値の範囲 h を**階級の幅**というが，データの最小値と最大値がそれぞれ最初の階級と最後の階級に含まれていなければならないから，階級数が決まれば階級の幅も自動的に決まってくる．すなわち

$$h = \frac{最大値 - 最小値}{階級数} = 階級の幅$$

となるが，連続型データの場合は幅がきれいに決まらないことがあるから，そのときはそれに近いきれいな値の階級の幅に直す方がよい．しかし，計算機でデータ処理を行う場合は，データはプログラムによって各階級に振り分けられるから，あえてこのことにこだわる必要もないであろう．

例として，表2.6のデータを7階級に分けるとすると，最大値が58.5，最小値が41.8であるから

$$\frac{58.5 - 41.8}{7} = 2.39$$

となるが，階級の幅をきれいな値にするために2.5にとるとする．最小値41.8が最小の階級に含まれているように，階級を40〜42.5からはじめると表2.9のような度数分布表が得られる．

10　第2章　標本データの整理

表2.6　80人の生徒の体重（再掲）

48.0	44.1	49.9	44.6	52.3	50.5	52.1	50.7
53.9	52.8	51.1	50.5	48.5	51.2	56.7	50.0
52.3	50.2	49.7	54.6	51.2	45.5	50.4	54.0
48.1	43.5	50.4	50.5	54.2	50.3	55.7	51.0
49.1	51.4	50.0	45.1	47.7	43.7	52.7	56.9
49.2	49.7	50.9	54.7	47.0	54.0	44.2	54.7
52.1	58.5	47.1	53.7	52.9	50.4	54.0	48.7
47.0	51.4	51.1	50.1	51.2	57.4	48.1	49.9
54.9	54.8	50.5	52.0	56.0	49.2	51.8	41.8
54.0	46.0	49.2	53.9	50.0	47.2	51.1	51.2

表2.9　80人の生徒の体重の度数分布表（階級の幅が2.5）

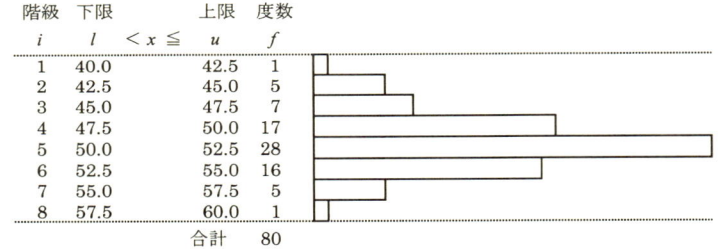

階級	下限		上限	度数
i	l	$< x \leqq$	u	f
1	40.0		42.5	1
2	42.5		45.0	5
3	45.0		47.5	7
4	47.5		50.0	17
5	50.0		52.5	28
6	52.5		55.0	16
7	55.0		57.5	5
8	57.5		60.0	1
		合計		80

表2.10　80人の生徒の体重の度数分布表（階級の幅が自動的）

階級	下限		上限	度数
i	l	$< x \leqq$	u	f
1	〜		44.2	5
2	44.2		46.6	4
3	46.6		49.0	10
4	49.0		51.4	33
5	51.4		53.8	10
6	53.8		56.2	14
7	56.2		〜	4
		合計		80

　また，コンピュータで最大値と最小値の間を自動的に7階級に分けると表2.10のような度数分布表になる．このとき連続型データでは，階級の上限と下限のどちらかに等号がつくようにクラス分けをすれば，すべてのデータがどこかの階級に振り分けられる．ただし最初か最後の階級は，上限あるいは下限のいずれにも等号がつくことを注意しておこう．

　表2.5以下の度数分布表には**ヒストグラム**（histogram）も同時にあげてあるが，正確には**柱状図**と呼ばれているもので，図2.1のように描かれたもの

がこれに相当する．

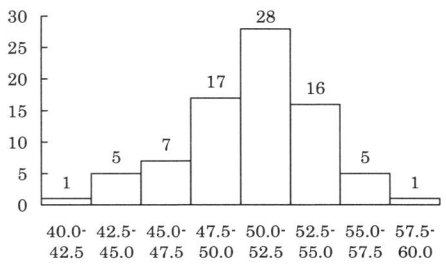

図**2.1** 表 2.9 のヒストグラム

このようにデータの度数分布を図形で表現すると，分布の様子がよりはっきりと視覚でとらえられる．

データの図示の方法としてはヒストグラムのほかに図 2.2 のような**円グラフ**など（pie chart）で表すこともある．

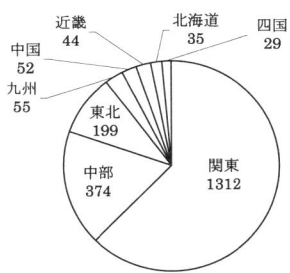

図**2.2** 表 2.1 の入学者数の円グラフ

2.3 位置の尺度

前節では母集団や標本の様子の全体像をとらえるために，度数分布表にまとめたり，ヒストグラムのように直観的にとらえるために図で表すことを考えてきた．しかしこれだけでは数量的にもう 1 つはっきりしない点が残る．そこでさらにデータを数量的に記述することによって，母集団や標本についての詳しい情報を求めることにしよう．

まず度数分布やヒストグラムをながめたとき，これらの中心の位置あるいは代表する位置がどこにあるかを知る尺度を考えてみよう．

(1) 算術平均 (arithmetic mean)

中心の位置を表す尺度の中では最もよく使われかつ有用なものであり，データの総和を n で割ったものである．われわれはつねに母集団と標本を念頭においているが，両者での平均を区別する意味で，標本の場合の平均を $\bar{x}$（x バーと読む）で，母集団についての平均を μ（ミュー）で表している．

n 個の標本データを $x_1, x_2, \cdots, x_n$ とするとき，

$$\bar{x} = \frac{1}{n}(x_1 + x_2 + \cdots + x_n)$$
$$= \frac{1}{n}\sum_{i=1}^{n} x_i \tag{2.2}$$

で定義される．また N 個の要素からなる有限母集団の場合には

$$\mu = \frac{1}{N}\sum_{i=1}^{N} x_i \tag{2.3}$$

で定義される．$\bar{x}$ と μ はそれぞれ**標本平均** (sample mean) および**母集団平均**または単に**母平均** (population mean) と呼ばれている．

例 2.1 表 2.4 の 50 人の生徒の数学の点数について標本平均を求める．データの総和は 3742 であるから

$$\bar{x} = \frac{1}{50} \times 3742 = 74.8 \,(\text{点})$$

となる． □

表 2.5 のようにデータがクラス分けされて度数分布表にまとめられているときの平均はどうしたら求められるだろうか．表 2.5 をもっと一般的に表 2.11 のように考えてみよう．

x'_i は各階級の**階級値**であり，階級の上限 u_i と下限 l_i のちょうど中間の値である．すなわち

$$x'_i = \frac{l_i + u_i}{2} \tag{2.4}$$

表2.11 一般的な度数分布表

階級 i	階級値 x'_i	度数 f_i	$x'_i f_i$	x'^2_i	$x'^2_i f_i$
1	x'_1	f_1	$x'_1 f_1$	x'^2_1	$x'^2_1 f_1$
2	x'_2	f_2	$x'_2 f_2$	x'^2_2	$x'^2_2 f_2$
⋮	⋮	⋮	⋮	⋮	⋮
k	x'_k	f_k	$x'_k f_k$	x'^2_k	$x'^2_k f_k$
合計		n	$\sum_{i=1}^{k} x'_i f_i$		$\sum_{i=1}^{k} x'^2_i f_i$

である.

いったん度数分布表にまとめられてしまうと，個々のデータについてはもはや知ることはできないから，それぞれの階級に属している f_i 個のデータはすべて階級値 x'_i で近似するものとする．このとき n 個のデータの総和の近似値は $x'_1 f_1 + x'_2 f_2 + \cdots + x'_k f_k$ となるから，標本平均の近似値は

$$\begin{aligned}\bar{x} &\fallingdotseq \frac{1}{n}(x'_1 f_1 + x'_2 f_2 + \cdots + x'_k f_k) \\ &= \frac{1}{n} \sum_{i=1}^{k} x'_i f_i \end{aligned} \tag{2.5}$$

で求められる．

例 2.2 表2.5の度数分布表については，総和が表2.12のように

$$52.5 \times 2 + 57.5 \times 4 + 62.5 \times 2 + \cdots + 97.5 \times 1 = 3715$$

であるから (2.5) 式より標本平均は，

$$\bar{x} \fallingdotseq \frac{1}{50} \times 3715 = 74.3$$

と得られる．74.3 は例2.1で求めた 74.8 のいわゆる近似値になっているわけで，もとのデータでの計算が可能ならばもちろん (2.2) 式を用いるが，度数分布表しか与えられていない場合は結局 (2.5) 式によって近似的平均を求めざるを得ないわけである． □

表2.12 例 2.2 の度数分布表

階級 i	下限 l	$< x \leq$	上限 u	階級値 x'	度数 f	$x'f$
1	50.0		55.0	52.5	2	105.0
2	55.0		60.0	57.5	4	230.0
3	60.0		65.0	62.5	2	125.0
4	65.0		70.0	67.5	5	337.5
5	70.0		75.0	72.5	14	1015.0
6	75.0		80.0	77.5	10	775.0
7	80.0		85.0	82.5	6	495.0
8	85.0		90.0	87.5	4	350.0
9	90.0		95.0	92.5	2	185.0
10	95.0		100.0	97.5	1	97.5
合計					50	3715

(2) **中央値**（メディアン, **median**）

n 個の標本データ $x_1, x_2, \cdots, x_n$ を大きさの順に並べ換えて

$$x_{(1)} \leq x_{(2)} \leq \cdots \leq x_{(n)}$$

とするとき, ちょうど中央に位置する値を**中央値**（メディアン）または**中位数**といい, Me で表す. 個数 n が奇数のときは, 中央値 Me は実際の値として存在し,

$$Me = x_{\left(\frac{n+1}{2}\right)}, \quad （n \text{ が奇数のとき}） \tag{2.6}$$

となるが, n が偶数のときは $\dfrac{n}{2}$ 番目のデータと $\dfrac{n}{2}+1$ 番目のデータの算術平均をとり,

$$Me = \frac{x_{\left(\frac{n}{2}\right)} + x_{\left(\frac{n}{2}+1\right)}}{2}, \quad （n \text{ が偶数のとき}） \tag{2.7}$$

とする.

データの中の大きい方かあるいは小さい方に極端にほかのデータと比べて大きいものや小さいものがある場合は, "平均" はそれらに大きく影響を受けることになるが, 中央値を用いると, 極端なデータに左右されることがないから, 位置の尺度として好ましいという場合がある.

例 2.3 4, 6, 8, 10, 12, 14, 16 のとき $Me = 10$ であり 4, 6, 8, 10, 12, 14 のとき $Me = (8+10)/2 = 9$ である. □

例 2.4 表 2.4 では $x_{(25)} = 75$, $x_{(26)} = 75$ であるから,$Me = (75+75)/2 = 75$ となる.このことから 50 人の生徒の数学の点数は 75 点以上が半数の 25 人,75 点以下が半数の 25 人いるということもわかる. □

(3) 最頻値（モード,mode）

最頻値（モード）とは日本語でのその名の通り,データの中で最も頻度（度数）の高い値のことであり,Mo で表す.

例えばデータが 4, 5, 5, 6, 6, 6, 7 とあるとき,モード Mo は 6 ということになるが,原データでのモードより度数分布表に整理されている場合の方が容易にモードを得ることができる.

表 2.3 では $Mo = 1$（回）である.また表 2.12 の場合は最も度数の多い階級の階級値を近似的にモードと考えれば $Mo = 72.5$ である.平均や中央値は 1 つの値で決まるが,モードについては 2 つ以上存在することもあるから注意しておこう.

以上データの集まりを代表する位置の尺度として 3 つの尺度をみてきたが,これらを図示してみると,それらの違いがよくわかる.

まず,図 2.3 のようにデータがある程度対称に分布している場合には,これらの 3 つの尺度はほぼ同じところに位置するが,図 2.4 のようにデータが左右どちらかに歪んでいるような場合には,3 つの尺度の位置は恐らく異なったものとなる.

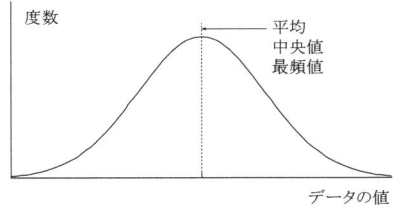

図 2.3 平均,中央値,最頻値の関係（対称な場合）

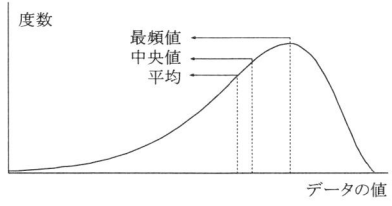

図 2.4 平均,中央値,最頻値の関係（非対称な場合）

3つの尺度それぞれが対象とするデータの集まりの構造の違いにより意味があるが，次節でのばらつきの尺度を考えるうえで，あるいは推測統計の中での扱いが容易であることから，位置の尺度としては算術平均のみを扱う．

なお平均という意味では (1) で述べた算術平均のほかに以下のようないくつかの平均の考え方があるが，今後は算術平均のことを単に平均と呼ぶ．

(4) 調和平均（harmonic mean）

データ $x_1, x_2, \cdots, x_n$ について調和平均（M_H）の定義は

$$M_H = \frac{1}{\frac{1}{n}\left(\frac{1}{x_1} + \frac{1}{x_2} + \cdots + \frac{1}{x_n}\right)} = \frac{1}{\frac{1}{n}\sum_{i=1}^{n}\frac{1}{x_i}} \tag{2.8}$$

で与えられる．これは各データの逆数の算術平均を逆数にしたものである．

例 2.5 例として l km 離れた地点 A, B 間を往路は時速 a km で帰路は時速 b km で往復した場合を考えよう．このときの平均時速はどのようになるだろうか．単に $(a+b)/2$ km/時としてよいだろうか．

往路の所要時間は l/a 時間，帰路の所要時間は l/b 時間であるから往復で

$$\frac{l}{a} + \frac{l}{b} = l\left(\frac{1}{a} + \frac{1}{b}\right) \text{ 時間}$$

を要したことになる．往復の距離は $2l$ km であるから，時速は

$$\frac{2l}{l\left(\frac{1}{a} + \frac{1}{b}\right)} = \frac{1}{\frac{1}{2}\left(\frac{1}{a} + \frac{1}{b}\right)} \text{ km/時}$$

によって求まる．これがいわゆる平均時速であり，距離 l には無関係な値である．式 (2.8) でいえば，x_1 と x_2 の調和平均を求めていることになる．

同様に考えれば，距離の等しい n 区間をそれぞれ時速 $x_1, x_2, \cdots, x_n$ km/時で進んだときの平均速度が式 (2.8) の調和平均として与えられることがわかる． □

(5) 幾何平均 (geometric mean)

データ $x_1, x_2, \cdots, x_n$ について幾何平均 (M_G) の定義は

$$M_G = \sqrt[n]{x_1 x_2 \cdots x_n} = \sqrt[n]{\prod_{i=1}^{n} x_i} \tag{2.9}$$

で与えられる．これは各データの累積の n 乗根となっている．

例 2.6 例として複数年の GDP（国内総生産）の平均伸び率を考える．初年度の GDP を a_1，初年度の伸び率を r_1，2 年目の伸び率を r_2，$\cdots$，n 年目の伸び率を r_n とすると，

2 年目期首の GDP は $a_2 = a_1(1 + r_1)$

3 年目期首の GDP は $a_3 = a_2(1 + r_2) = a_1(1 + r_1)(1 + r_2)$

4 年目期首の GDP は $a_4 = a_3(1 + r_3) = a_1(1 + r_1)(1 + r_2)(1 + r_3)$

$$\vdots$$

となる．期首の GDP とその期の伸び率との関係が

$$a_1 \xrightarrow{r_1} a_2 \xrightarrow{r_2} a_3 \xrightarrow{r_3} a_4 \xrightarrow{r_4} \cdots \xrightarrow{r_{n-1}} a_n \xrightarrow{r_n} a_{n+1}$$

となることから，同様にして考えるとちょうど n 年が経過した後の $n+1$ 年目期首の GDP a_{n+1} は

$$\begin{aligned} a_{n+1} &= a_n(1 + r_n) = a_1(1 + r_1)(1 + r_2) \cdots (1 + r_n) \\ &= a_1 \prod_{i=1}^{n}(1 + r_i) \end{aligned} \tag{2.10}$$

で求まる．

一方この n 年間の GDP の平均的な伸び率を r，すなわちどの年も等しく r であったとすると $n+1$ 年目期首の GDP a_{n+1} は

$$a_{n+1} = a_1 \prod_{i=1}^{n}(1 + r) = a_1(1 + r)^n \tag{2.11}$$

と表される．

式 (2.10) と式 (2.11) が等しいとおくと，

$$(1 + r)^n = (1 + r_1)(1 + r_2) \cdots (1 + r_n)$$

より

$$(1+r) = \sqrt[n]{(1+r_1)(1+r_2)\cdots(1+r_n)}$$

となる．ここで，$x_i = 1 + r_i$ とおけば

$$1+r = \sqrt[n]{x_1 x_2 \cdots x_n} = \sqrt[n]{\prod_{i=1}^{n} x_i}$$

より r を求めることができる．これは式 (2.9) の幾何平均の考え方になっている． □

この例のように，幾何平均は伸び率や成長率などについて平均を考える際の概念の一つである．

(6) 加重平均（weighted mean）

ある企業で従業員が年齢別に m 層に分かれているとする．各層に属する従業員の給与はみな同じであるとし，それぞれの給与を $p_1, p_2, \cdots, p_m$ とするとき，単に算術平均の意味で考える平均給与は

$$\bar{p} = \frac{1}{m} \sum_{i=1}^{m} p_i$$

である．しかしそれぞれの層に属する従業員の数が異なり，それぞれ $n_1, n_2 \cdots, n_m$ 人であるとすると，単純に算術平均の考え方でよいだろうか．

このようなときに用いられるのが**加重平均**あるいは**重みつき平均**と呼ばれるものであり M_W で表す．加重平均 M_W は，

$$w_i = \frac{n_i}{n}, \quad \text{ただし } n = \sum_{i=1}^{m} n_i$$

とおいたとき，

$$M_W = \sum_{i=1}^{m} w_i p_i \tag{2.12}$$

として与えられる．

例 2.7 例として表 2.13 のような人員構成の企業における給与の平均を考えてみよう．

単純に算術平均により平均給与を求めると

$$\frac{1}{6}(22+30+40+50+70+100) = \frac{312}{6} = 52 \text{ 万円}$$

となり，一見すると平均給与の高い企業のように見える．

しかし，各層の人数の企業全体の人数に対する重みを考慮した重みつき平均として平均給与を求めると，表 2.13 で $w_i p_i$ の総和として求められるように 36.5 [万円] となっている．これは，多くの人数をかかえている第 1 層や第 2 層の従業員の給与が平均の中に正しく反映されたということを意味している． □

表 2.13 ある企業の給与と人員構成

層	人数 (n_i)	給与 (p_i)	重み ($w_i = n_i/n$)	$w_i p_i$
1	10	22 [万円]	0.250	5.5
2	15	30	0.375	11.3
3	7	40	0.175	7.0
4	4	50	0.100	5.0
5	3	70	0.075	5.3
6	1	100	0.025	2.5
計	40	312	1.000	36.5

以上のように (4)〜(6) で述べた 3 つの平均の考え方は算術平均と異なった定義で求められるが，それぞれの目的や使用する立場で適切に判断して用いる必要があろう．

2.4 ばらつきの尺度

位置の尺度としての平均だけでは 2 つのデータ集団の違いを区別できないことがある．例えば 2, 4, 6, 8, 10 と 4, 5, 6, 7, 8 と 2 つの集団があるとき，平均はいずれも 6 であるが，両者の集団は確かに違っている．前者は後者に比べてデータのばらつきが若干大きいことがわかる．この節ではこのばらつきを測る尺度を考えてみよう．

(1) 範囲 (range)

範囲とは，データを大きさの順に

$$x_{(1)} \leq x_{(2)} \leq \cdots \leq x_{(n)}$$

と並べたとき，最大値と最小値の差のことをいい R で表す．すなわち，

$$R = x_{(n)} - x_{(1)} = x_{\max} - x_{\min} \tag{2.13}$$

で定義する．

先の例では前者は $R = 10 - 2 = 8$ であり，後者は $R = 8 - 4 = 4$ であるから，前者の方がデータの広がりが大きいことにより，データ集団の違いがはっきりする．範囲はデータが大きさの順に並んでいれば，最も簡単に求められるばらつきの尺度である．

(2) 平均偏差 (mean deviation)

つぎの 2 つのデータ集団について考えよう．

A : 2, 4, 5, 6, 7, 8, 10
B : 2, 4, 6, 8, 10

A, B ともに平均は 6，範囲は 8 であるが A, B のデータ構造は違っている．

平均偏差とは，各データがその集団の平均の位置から平均的にどれだけ隔たっているかをみる尺度であり M.D. で表す．平均偏差 M.D. は以下のように定義される．

$$\begin{aligned}
\text{M.D.} &= \frac{1}{n} \left(|x_1 - \bar{x}| + |x_2 - \bar{x}| + \cdots |x_n - \bar{x}| \right) \\
&= \frac{1}{n} \sum_{i=1}^{n} |x_i - \bar{x}|
\end{aligned} \tag{2.14}$$

$|x_i - \bar{x}|$ は $x_i - \bar{x}$ の絶対値であり，x_i が $\bar{x}$ より左にあるか右にあるかは問題にせず，単にその隔たりの量だけを考えていることになる．

先ほどのデータ集団において，A の平均偏差は

$$\begin{aligned}
\text{M.D.} &= \frac{1}{7} \left(|2 - 6| + |4 - 6| + \cdots + |10 - 6| \right) \\
&= \frac{1}{7} (4 + 2 + \cdots + 4) = \frac{14}{7} = 2
\end{aligned} \tag{2.15}$$

であり，B の平均偏差は

$$\text{M.D.} = \frac{1}{5} (4 + 2 + 0 + 2 + 4) = \frac{12}{5} = 2.4 \tag{2.16}$$

であるから,平均からのばらつきとしては B の方が A の方よりいく分大きいという違いがわかる.しかし平均偏差は絶対値記号を伴う煩雑さもあって,推測統計での取り扱いを考えると,つぎの分散を考える方がよい.

(3) 分散(variance)

平均偏差と同じように平均からのへだたりを考えて**分散** s_x^2 を

$$s_x^2 = \frac{1}{n}\left\{(x_1-\bar{x})^2+(x_2-\bar{x})^2+\cdots(x_n-\bar{x})^2\right\}$$
$$= \frac{1}{n}\sum_{i=1}^{n}(x_i-\bar{x})^2 \tag{2.17}$$

で定義する.実際に尺度として用いるときは,この平方根をとって

$$s_x = \sqrt{\frac{1}{n}\sum_{i=1}^{n}(x_i-\bar{x})^2} \tag{2.18}$$

を求める.これを**標準偏差**(standard deviation)といい S.D. で表すことがある.

分散についても,平均のときと同じように,母集団と標本を区別して**母集団分散**(あるいは単に**母分散**(population variance),**標本分散**(sample variance)と呼びかえる.

母分散は σ^2 (sigma square)で表すことが多く,N 個の要素からなる有限母集団の場合には

$$\sigma^2 = \frac{1}{N}\sum_{i=1}^{n}(x_i-\mu)^2 \tag{2.19}$$

で定義される.

また推測統計学の立場からは標本分散 s_x^2 の代わりに,不偏分散と呼ばれる

$$u_x^2 = \frac{1}{n-1}\sum_{i=1}^{n}(x_i-\bar{x})^2 \tag{2.20}$$

を用いた方がよい.s_x^2 と u_x^2 の関係は

$$u_x^2 = \frac{n}{n-1}s_x^2 \tag{2.21}$$

であるから,n が大きいときは2つの値はほぼ同じであるが,小さな n について両者の違いが出てくる.しかしながら,われわれはしばらく標本の分散というと(2.17)式で定義されるものをさすことにする.

先に示したデータ集団 A の分散, 標準偏差は
$$s_A^2 = \frac{1}{7}\{(2-6)^2 + (4-6)^2 + \cdots + (10-6)\} = \frac{42}{7} = 6$$
$$s_A = \sqrt{6} = 2.449$$
であり, B については
$$s_A^2 = \frac{1}{5}(16 + 4 + 0 + 4 + 16) = \frac{40}{5} = 8$$
$$s_A = \sqrt{8} = 2.828$$
である. 標準偏差として比較した場合でも, B の方が A よりいくらか大きいから平均の周りのばらつきが大きいことがわかる.

ここで (2.17) 式を変形してみると,
$$\begin{aligned}s_x^2 &= \frac{1}{n}\sum_{i=1}^n (x_i - \bar{x})^2 = \frac{1}{n}\sum_{i=1}^n (x_i^2 - 2\bar{x}x_i + \bar{x}^2)\\ &= \frac{1}{n}\sum_{i=1}^n x_i^2 - \left(\frac{1}{n}\sum_{i=1}^n x_i\right)(2\bar{x}) + \frac{1}{n}\sum_{i=1}^n \bar{x}^2\\ &= \frac{1}{n}\sum_{i=1}^n x_i^2 - 2\bar{x}^2 + \bar{x}^2 = \frac{1}{n}\sum_{i=1}^n x_i^2 - \bar{x}^2\end{aligned} \tag{2.22}$$

が得られるから, コンピュータによる分散の計算にはむしろこの (2.22) 式の方が用いられる.

> **例 2.8** 表 2.4 のデータについて (2.22) 式から分散を求めると,
> $$s_x^2 = \frac{1}{50} \times 284974 - 74.84^2 = 98.45$$
> $$s_x = \sqrt{98.45} = 9.92$$
> となる. □

つぎに表 2.5 のように度数分布表に整理されているときの分散はどうしたら求められるだろうか. 表 2.11 を再びあげておこう.

このとき n 個のデータの 2 乗和の近似値は $x_1'^2 f_1 + x_2'^2 f_2 + \cdots + x_k'^2 f_k$ となるから, 分散は近似的に
$$s_x^2 \fallingdotseq \frac{1}{n}\sum_{i=1}^k x_i'^2 f_i - \bar{x}^2 \tag{2.23}$$
で, 求められる.

表 2.11　一般的な度数分布表（再掲）

階級 i	階級値 x'_i	度数 f_i	$x'_i f_i$	x'^{2}_i	$x'^{2}_i f_i$
1	x'_1	f_1	$x'_1 f_1$	x'^{2}_1	$x'^{2}_1 f_1$
2	x'_2	f_2	$x'_2 f_2$	x'^{2}_2	$x'^{2}_2 f_2$
⋮	⋮	⋮	⋮	⋮	⋮
k	x'_k	f_k	$x'_k f_k$	x'^{2}_k	$x'^{2}_k f_k$
合計		n	$\sum_{i=1}^{k} x'_i f_i$		$\sum_{i=1}^{k} x'^{2}_i f_i$

例 2.9 表 2.5 の度数分布表から分散を求めると，表 2.14 より

$$s_x^2 = \frac{1}{50} \times 281062.5 - 74.3^2 = 100.76$$
$$s_x = \sqrt{100.76} = 10.0 \tag{2.24}$$

と得られる． □

表 2.14　50 人の生徒の数学の点数の度数分布表

階級 i	階級値 x'	度数 f	$x'f$	x'^2	$x'^2 f$
1	52.5	2	105	2756.25	5512.5
2	57.5	4	230	3306.25	13225
3	62.5	2	125	3906.25	7812.5
4	67.5	5	337.5	4556.25	22781.25
5	72.5	14	1015	5256.25	73587.5
6	77.5	10	775	6006.25	60062.5
7	82.5	6	495	6806.25	40837.5
8	87.5	4	350	7656.25	30625
9	92.5	2	185	8556.25	17112.5
10	97.5	1	97.5	9506.25	9506.25
合計		50	3715		281062.5

平均：74.3，　分散：100.76，　標準偏差：10.0

2.5　平均と分散の関係

　さて，これまでに定義した平均と分散（あるいは標準偏差）との間にはどのような関係があるだろうか．

標準偏差と平均の比

$$CV = \frac{s_x}{\bar{x}} \tag{2.25}$$

のことを**変動係数**（coefficient of variation）といい，平均の異なる2つのデータ集団のばらつきを相対的に比較する尺度として用いられている．

また，平均と標準偏差の間には**チェビシェフ**（Chebyshev）**の定理**と呼ばれるつぎのような関係がある．

平均を $\bar{x}$，標準偏差を s_x とするとき，

$$\bar{x} - ks_x < x < \bar{x} + ks_x \quad (k は 1 以上の任意の定数とする) \tag{2.26}$$

の範囲に含まれるデータの個数の全データ数に対する割合は $1 - 1/k^2$ より大きい．すなわち，どのようなデータ集団でも，平均 $\bar{x}$ からのずれが標準偏差 s_x の k 倍より小さくなるデータの割合が $1 - 1/k^2$ よりも大きいということである．

この関係より，例えば表2.4の50人の生徒の数学の点数のデータでは，平均が75点，標準偏差が9.9点であるが，チェビシェフの定理で $k=2$ とすると区間 $(75 - 2 \times 9.9,\ 75 + 2 \times 9.9) = (55.2,\ 94.8)$ に含まれるデータの割合は $1 - 1/4 = 3/4 = 0.75$ より大きいということである．実際，表2.4の50個のデータの中で，この範囲に含まれるものの個数は47個でありその割合は0.94となっている．

またヒストグラムを描いたとき，おおよそ左右が対称な形をしていれば，チェビシェフの定理よりももっとはっきりとつぎのようなことがいえる．

データの範囲	範囲に含まれるデータの割合
$\bar{x} \pm s_x$	68.3%
$\bar{x} \pm 2s_x$	95.4%
$\bar{x} \pm 3s_x$	99.7%

平均から左右に標準偏差の大きさだけとった範囲にすでに7割近くのデータが含まれ，3倍とると，もうほとんどのデータがその範囲に含まれてしまう．このことはデータの分布が平均の近くに集中するほど標準偏差が小さくなり，逆に平均から左右にはずれたところまでデータが分布しているときは標準偏差が大きいということになる．このことから，標準偏差にばらつきの尺度としての意味づけができたことになるだろう．左右対称の形をしたヒストグラムの極限の状態としての曲線はつり鐘型の曲線であり，**正規分布曲線**と

演習問題

[問 2.1] つぎのデータは，コインを 5 回投げる実験を 50 回繰り返して，表の出た回数である．これについて度数分布表を作り，またそのヒストグラムを描け．

```
1  3  2  2  1  2  3  4  2  3
2  3  2  3  3  3  0  4  3  3
3  3  3  4  1  4  2  3  2  2
4  1  3  1  3  4  0  2  4  4
3  4  4  0  3  3  5  2  1  3
```

[問 2.2] つぎのデータは，ある試験の 30 人分の結果である．これについて度数分布表を作り，またヒストグラムを描け．

```
61  70  76  57  67
92  74  80  62  74
83  91  80  66  78
71  63  77  71  80
71  74  79  73  49
54  68  77  78  71
```

[問 2.3] つぎのデータについて，平均，分散および中央値を求めよ．

```
13  12  15  10  5  16  16  17  19  8
```

[問 2.4] 問 2.2 のデータについて，平均 $\bar{x}$ と標準偏差 s_x を求め，個々のデータがつぎの範囲にある個数とその割合を調べよ．

$$[\bar{x} - s_x,\ \bar{x} + s_x],\ [\bar{x} - 2s_x,\ \bar{x} + 2s_x],\ [\bar{x} - 3s_x,\ \bar{x} + 3s_x]$$

[問 2.5] つぎの表は，中学 2 年男子生徒の 100 人分の体重測定の結果を度数分布表にしたものである．平均，分散および標準偏差を求めよ．

下限	$< x \leq$	下限	度数
40.0		42.0	6
42.0		44.0	5
44.0		46.0	6
46.0		48.0	15
48.0		50.0	19
50.0		52.0	12
52.0		54.0	17
54.0		56.0	11
56.0		58.0	5
58.0		60.0	4
		合計	100

第3章 確率

3.1 順列と組み合わせ

確率の話に入る前に，確率の計算や確率分布のところで使われる**場合の数**の**数え上げ法則（カウンティングルール）**についてみておこう．

(1) 順列

n 個のものを r 個とって並べる並べ方を n 個から r 個とって並べる**順列**（permutation）といい，並べ方の方法の個数を

$$_nP_r$$

で表す．

> **例 3.1** $n=4$, $r=2$ の場合，a, b, c, d の 4 文字から 2 文字並べることを考えると，
>
> $$a\!\begin{array}{c}b\\c\\d\end{array} \quad b\!\begin{array}{c}a\\c\\d\end{array} \quad c\!\begin{array}{c}a\\b\\d\end{array} \quad d\!\begin{array}{c}a\\b\\c\end{array} \tag{3.1}$$
>
> より 12 通りあるが，これは $_4P_2 = 4 \times 3 = 12$ から得られる．また 3 文字並べるとすると $_4P_3 = 4 \times 3 \times 2 = 24$ 通りである． □

したがって一般的には

$$_nP_r = n \times (n-1) \times (n-2) \times \cdots \times (n-r+1) \tag{3.2}$$

となることがわかる．特に $r=n$ のときは

$$\begin{aligned}{}_nP_n &= n \times (n-1) \times (n-2) \times \cdots \times 3 \times 2 \times 1 \\ &= n! \end{aligned} \quad (3.3)$$

であり，$n!$ は n の**階乗**（factorial）と読む．

$$5! = 5 \cdot 4 \cdot 3 \cdot 2 \cdot 1 = 120$$

であり，特に $n=0$ のときは

$$0! = 1$$

と約束する．この階乗の記号を用いて (3.2) 式を表現すると

$$_nP_r = \frac{n!}{(n-r)!} \quad (3.4)$$

となることは容易に理解できる．

例 3.2 5 個のものから 3 個とって並べる順列の数は

$$_5P_3 = \frac{5!}{(5-3)!} = \frac{5!}{2!} = \frac{5 \cdot 4 \cdot 3 \cdot 2 \cdot 1}{2 \cdot 1} = 5 \cdot 4 \cdot 3 = 60$$

□

---

(2) 組み合わせ

　順列の組の中で順序に関係なく，その含まれている中身だけを問題にする場合は，n 個のものから r 個とる**組み合わせ**（combination）といい，組み合わせの数を

$$_nC_r$$

で表す．

> **例 3.3** 例 3.1 では $_4P_2 = 12$ であったが,
>
> $$\begin{array}{lll} ab, \ ba & ac, \ ca, & ad, \ da \\ bc, \ cb & bd, \ db, & cd, \ dc \end{array} \qquad (3.5)$$
>
> はそれぞれ中身は同じであるから,1 つとみなすと,$_4C_2 = 6$ である. □

$_nC_r$ と $_nP_r$ の関係は

$$_nP_r = {}_nC_r \times {}_rP_r \qquad (3.6)$$

であり,(3.3) 式および (3.4) 式を用いると

$$_nC_r = \frac{_nP_r}{r!} = \frac{n!}{r!(n-r)!} \qquad (r \leq n) \qquad (3.7)$$

を得る.

この数はつぎのような展開公式(2項展開)の係数となっていることから,**2項係数**とも呼ばれている.

$$(a+b)^n = \sum_{r=0}^{n} {}_nC_r a^r b^{n-r} \qquad (3.8)$$

2項係数 $_nC_r$ については

$$_nC_r + {}_nC_{r-1} = {}_{n+1}C_r \qquad (3.9)$$

の関係があり,各 $n = 1, 2, \cdots$ について $r = 0, 1, 2, \cdots, n$ と変化させ,$_{n+1}C_r$ を次々と書き出してみることにより,より高い次数 n の係数を求めることができる(**パスカルの三角形**).

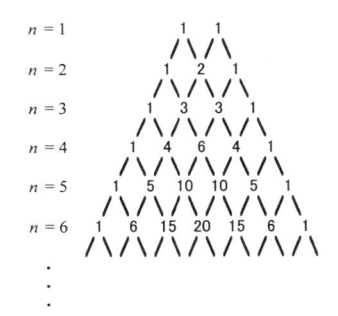

図 3.1 パスカルの三角形

> **例 3.4** 5 個のものから 3 個とる組み合わせの数は
>
> $$_5C_3 = \frac{5!}{3!(5-3)!} = \frac{5 \cdot 4 \cdot 3!}{3! \cdot 2!} = 10$$
>
> である. □

3.2 事象と標本空間

この節では確率の概念を考えていく上で基本となる事象と標本空間について述べておこう.

> **例 3.5** いまコインを 2 回投げるという実験を考える. このとき表が出る場合を H (head), 裏が出る場合を T (tail) で表現するものとすると, 結果はつぎのような 4 通りの可能性がある.
>
> HH　HT　TH　TT

> **例 3.6** またコインを 3 回投げるとすると, 可能な結果はつぎの 8 通りである.
>
> HHH　HHT　HTH　THH
> HTT　THT　TTH　TTT

確率論の話の中では, このように偶然性を伴う実験のことを**試行** (trial) といい, その起こる結果あるいは結果の集まりのことを**事象** (event) という. さらに, 試行のもとでの最小単位の結果のことを**単一事象** (simple event) または**根元事象** (elementary event) という.

上の 2 回のコイン投げ実験の結果は, 4 つの単一事象から成り, 3 回のコイン投げでは 8 つの単一事象から成っている. 次節では, これらの単一事象や複合事象に対して, 確率といわれるものがどのように与えられるかを考えていくが, ここではまず事象についてのいくつかの定義を与えておく.

単一事象のすべての集まりのことを**全事象** (whole event) というが, 確率を事象 (集合) に対する集合関数としてとらえ, 単一事象のすべての集まりのことを**標本空間** (sample space) とも呼び, 本書では記号 Ω (omega と読む) で表すことにする.

例えば, 例 3.5 の標本空間 Ω は

$$
\begin{array}{cc}
HH & HT \\
\circ & \circ \\
TH & TT \\
\circ & \circ \\
\end{array}
$$

Ω

のように表すことができる．

例 3.7 2 個のサイコロを振る実験を考える．1 個目のサイコロの目を m，2 個目のサイコロの目を n とし，この実験の結果を (m,n) で表すことにすると，標本空間は図 3.2 のようになる．

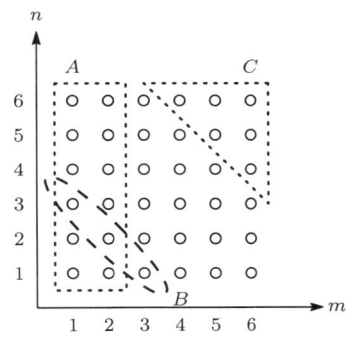

図3.2 2 個のサイコロを振る場合の標本空間 Ω

A を最初の目が 1 または 2 になる事象とするとき，この複合事象を集合の表現を使って

$$A = \{(m,n) \mid m = 1 \text{ または } m = 2\}$$

と書き表しておく．また，2 個の目の和が 4 になる事象 B や，2 個の目の和が 10 以上になる事象 C などもつぎのように表現できる．

$$\begin{aligned}
B &= \{(m,n) \mid m + n = 4\} \\
&= \{(m,n) \mid (1,3),\ (2,2)\ (3,1)\} \\
C &= \{(m,n) \mid m + n \geq 10\} \\
&= \{(m,n) \mid (4,6)\ (5,5),\ (5,6)\ (6,4),\ (6,5)\ (6,6)\}
\end{aligned}$$

事象 A，B，C は図 3.2 の標本空間の中にそれぞれ表してある． □

いま2つの事象 A, B があるとき，A の要素かあるいは B の要素のいずれかである事象を A と B の**和事象**といい，$A \cup B$（∪ は cup と読む）で表す．また A の要素でもあり，また B の要素でもある事象を A と B の**積事象**といい，$A \cap B$（∩ は cap と読む）で表す．例 3.7 では

$$A \cup B = \{(1,1),\ (1,2),\ (1,3),\ (1,4),\ (1,5),\ (1,6),$$
$$(2,1),\ (2,2),\ (2,3),\ (2,4),\ (2,5),\ (2,6),\ (3,1)\}$$
$$A \cap B = \{(1,3),\ (2,2)\}$$

となる．

標本空間（全事象）の中で，ある事象 A に含まれない事象のことを**余事象**といい，A' で表すことにする．いいかえると A' とは A が起こらない事象のことである．

全事象はすべての単一事象の集まりであるから，そのいずれかの事象は必ず起こる．したがって全事象は必ず起こる事象ということになるが，逆に絶対に起こり得ない事象もわれわれは事象の1つとしてとらえ，これを**空事象**といい，ϕ（phai と読む）で表すことにする．

いま A と B が決して同時には起こり得ない事象どうしだとすると，$A \cap B = \phi$ となり，このとき A と B は互いに**排反**（mutually exclusive）な**事象**という．例 3.7 では $A \cap C = \phi$, $B \cap C = \phi$ であり，事象 A, B はいずれも事象 C と互いに排反な事象になっている．また $C' = \{(m,n) \mid m+n \leq 9\}$ となることも明らかであろう．

和事象や積事象の演算は2つ以上の事象どうしの場合にも同様に拡張することができる．

いま k 個の事象 $E_1, E_2, \cdots, E_k$ があるとき，和事象

$$E_1 \cup E_2 \cup \cdots \cup E_k$$

は少なくともどれか1つの E_i $(i = 1, 2, \cdots, k)$ に含まれている事象のことであり，積事象

$$E_1 \cap E_2 \cap \cdots \cap E_k$$

は E_i $(i = 1, 2, \cdots, k)$ のすべてに含まれている事象のことである．

事象の演算を考えるうえで，つぎのような**ベン図式**（Venn diagram）を用いると直観的に理解しやすい．

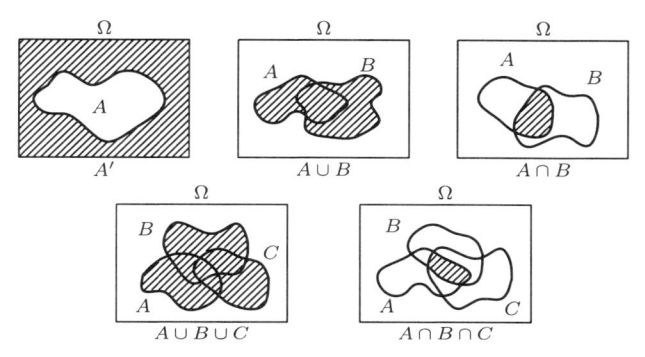

図3.3 事象の演算を表すベン図式

3.3 確率の考え方

標本空間の中のある事象 A を考えるとき，n 回の試行で事象 A の起こる回数を n_A とすると，その相対度数（相対頻度）n_A/n は n が大きくなるとある値 p に限りなく近づいていくと考え，$P(A) = p$ で表してみる．P は事象（集合）A に対して1つの値 p を決める集合関数であり，特に確率を考えていくうえでは**確率集合関数**と呼ばれている．例えば1個のサイコロを 100 回，1000 回，10000 回，$\cdots$ と限りなく振り続けると，1の目の出る回数がしだいに 1/6 の値に近づいていくことはパソコンでの実験で容易に知ることができる．

このような相対度数は絶対に負の値になることはないし，もし事象 A が全事象だとすると，その相対度数は常に 1 という値をとる．またサイコロの例で A を 1 の目の出る事象，B を 6 の目の出る事象とすると，当然

$$n_{A \cup B} = n_A + n_B \tag{3.10}$$

が成り立つから

$$\frac{n_{A \cup B}}{n} = \frac{n_A}{n} + \frac{n_B}{n} \tag{3.11}$$

より $n \to \infty$ のとき確率集合関数についても

$$P(A \cup B) = P(A) + P(B) \tag{3.12}$$

となる．

以上のことより，確率の定義をつぎのように与えることにしよう．

定義 標本空間 Ω 内の任意の事象 A につぎの条件を満たす集合関数 P を対応させ，これを**事象 A の確率**といい，$P(A)$ で表す．
1) $P(A) \geq 0$
2) $P(\Omega) = 1$
3) 事象 $E_1, E_2, \cdots E_k$ が互いに排反な事象，すなわち $E_i \cap E_j = \phi \ (i \neq j)$ のとき，
$$P(E_1 \cup E_2 \cup \cdots \cup E_k) = P(E_1) + P(E_2) + \cdots + P(E_k)$$

□

ここで確率に関するいくつかの性質をあげておこう．

性質 1) 任意の事象 A について

$$P(A) = 1 - P(A'). \tag{3.13}$$

が成り立つ．この性質は，$\Omega = A \cup A'$ であり，また $A \cap A' = \phi$ であるから，定義の 2) および 3) より $1 = P(A) + P(A')$ を示すことができる． □

性質 2)

$$P(\phi) = 0. \tag{3.14}$$

この性質は，性質 1) で $A = \phi$ とすると $A' = \Omega$ となり

$$P(\phi) = 1 - P(\Omega) = 1 - 1 = 0$$

が得られる． □

性質 3) 事象 A, B の間に $A \subset B$ の関係があれば，

$$P(A) \leq P(B). \tag{3.15}$$

この関係は，$B = A \cup (B \cap A')$, $A \cap (B \cap A') = \phi$ であるから，定義の 1) および 3) より

$$P(B) = P(A) + P(B \cap A') \geq P(A)$$

が得られる． □

性質 4) 任意の事象 A について,

$$P(A) \leq 1. \tag{3.16}$$

この関係は,$A \subset \Omega$ であるから,性質 3) と定義の 2) より

$$P(A) \leq P(\Omega) = 1$$

が得られる. □

これまでは確率を相対度数の極限の状態としてとらえ,確率集合関数を定義してきたが,この考え方は**度数論的な**アプローチと呼ばれている.しかし確率には**古典的アプローチ**と呼ばれている別の考え方もある.

確率集合関数が標本空間 $\Omega = \{e_1, e_2, \cdots e_k\}$ で定義されるとする.e_i は実験の結果生ずる最小単位の事象すなわち単一事象であるとする.この e_i がどの 1 つをとっても同じ確率で起こるとき,k 個の結果は**同様に確からしく起こる**(equally likely possible)という.このとき,

$$P(e_i) = \frac{1}{k} \quad (i = 1, 2, \cdots, k)$$

である.Ω の中にある事象 A が起こることが k 個の単一事象のうちの h 個が起こることと同じであれば $P(e_i) = 1/k$ の条件の下で A の確率を

$$P(A) = \frac{h}{k}$$

で与えることにする.もちろんこの場合の確率も先にあげた確率の定義 1) から 3) は満たしていなければならない.

このアプローチによると,図 3.2 の例では事象 A, B, C, $A \cup B$ および $A \cap B$ の確率はそれぞれつぎのようになる.

$$P(A) = \frac{12}{36}, \quad P(B) = \frac{3}{36}, \quad P(C) = \frac{6}{36},$$

$$P(A \cup B) = \frac{13}{36}, \quad P(A \cap B) = \frac{2}{36}.$$

古典的アプローチでは事象の起こる状態をはっきりと把握しなければならないから,起こり得る場合の数を 3.1 節で述べたカウンティングルールによって計算しなければならない.

例 3.8 1 組 52 枚のトランプから 5 枚を抜いたとき，5 枚ともハートである確率を求めよう．

同様に確からしく起こるすべての事象の数は 52 枚から 5 枚とる組み合わせの数であるから

$$k = {}_{52}C_5$$

である．そのうち 5 枚がハートであるというのは 13 枚のハートから 5 枚のハートをとる組み合わせの数であり，

$$h = {}_{13}C_5$$

である．したがって確率は

$$\frac{h}{k} = \frac{{}_{13}C_5}{{}_{52}C_5} = \frac{5 \cdot 4 \cdot 3 \cdot 2 \cdot 1}{52 \cdot 51 \cdot 50 \cdot 49 \cdot 48} \times \frac{13 \cdot 12 \cdot 11 \cdot 10 \cdot 9}{5 \cdot 4 \cdot 3 \cdot 2 \cdot 1} = 0.0004951$$

となる． □

確率の加法定理

A，B を任意の 2 つの事象とするとき，

$$P(A \cup B) = P(A) + P(B) - P(A \cap B) \tag{3.17}$$

が成り立つ．

（証明）　和現象 $A \cup B$ はつぎのように互いに排反な事象の和事象として表すことができる．

$$A \cup B = A \cup (A' \cap B) \tag{3.18}$$

したがって確率の定義 3) より

$$P(A \cup B) = P(A) + P(A' \cap B) \tag{3.19}$$

である．ところが B は互いに排反な事象の和現象として

$$B = (A \cap B) \cup (A' \cap B) \tag{3.20}$$

と表すことができるから，同じく確率の定義 3) より

$$P(B) = P(A \cap B) + P(A' \cap B) \tag{3.21}$$

である．項を入れ替えると

$$P(A' \cap B) = P(B) - P(A \cap B). \tag{3.22}$$

ここで（3.22）式を（3.19）式に代入すると，（3.17）式が成り立つ． □

例 3.9 図 3.2 の実験で $P(A) = 12/36$, $P(B) = 3/36$, $P(A \cap B) = 2/36$ であるから加法定理より

$$P(A \cup B) = \frac{12}{36} + \frac{3}{36} - \frac{2}{36} = \frac{13}{36}$$

となり，古典確率のアプローチで考えた値と一致する． □

さらに加法定理の拡張として A, B, C を任意の 3 つの事象とするとき

$$P(A \cup B \cup C) = P(A) + P(B) + P(C) - P(A \cap B) - P(A \cap C) \\ - P(B \cap C) + P(A \cap B \cap C) \tag{3.23}$$

が成り立つ．

3.4　条件付確率

条件付確率（conditional probability）

　確率の加法定理（3.17）式を用いて和事象の確率が計算できるが，その右辺の式では事象 A と B の積事象 $A \cap B$ の確率が必要である．この問題を考えてみよう．

　標本空間内の互いに排反でない 2 つの事象を A, B とする．また空間内の n 個の単一事象はすべて同様に確からしく起こるものとする．いま図 3.4 の (1), (2) のように，事象 A に含まれる単一事象の数を n_A, 事象 B に含まれる単一事象の数を n_B とすると，古典的確率のアプローチによると

$$P(A) = \frac{n_A}{n}, \qquad P(B) = \frac{n_B}{n} \tag{3.24}$$

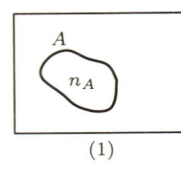

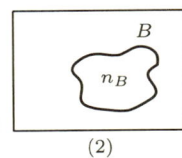

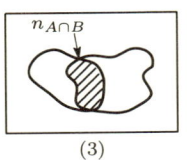

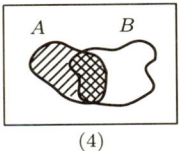

図3.4 条件付確率のベン図式

である.

では事象 A が起こったことがわかっているときの事象 B の起こる確率はどうなるだろうか.

このときは事象 B が起こるのは図3.4 の（4）のように，事象 A の中だけに限定されるから，事象 A が標本空間ということになり，空間は n_A 個の単一事象から成り立っている．その中で，事象 B に含まれる単一事象の数は事象 $A \cap B$ に含まれる単一事象の数に等しい．それを $n_{A \cap B}$ としよう．そうすれば事象 A が起こったことがわかっているときの事象 B の起こる確率は $n_{A \cap B}/n_A$ で与えられる．この確率は "事象 A が起こったという条件の下での事象 B の起こる確率" であり，記号 $P(B|A)$ で表す．すなわち

$$P(B|A) = \frac{n_{A \cap B}}{n_A} \tag{3.25}$$

である．ところで (3.25) 式の右辺の分母，分子を変形すると

$$\frac{n_{A \cap B}}{n_A} = \frac{n_{A \cap B}/n}{n_A/n} = \frac{P(A \cap B)}{P(A)} \tag{3.26}$$

となるから，結局 (3.25) 式は

$$P(B|A) = \frac{P(A \cap B)}{P(A)} \quad (P(A) > 0) \tag{3.27}$$

となり，条件付確率の公式が得られる.

さらに (3.27) 式を分母を払って書き換えると，つぎの乗法定理が得られる.

確率の乗法定理

> 2つの事象 A と B がいずれも起こる確率は
>
> $$P(A \cap B) = P(A) \cdot P(B|A) \tag{3.28}$$
>
> で与えられる． □

例 3.10 $P(A) = 0.6$, $P(B) = 0.4$, $P(A \cap B) = 0.2$ のとき

$$P(B|A) = \frac{0.2}{0.6} = \frac{1}{3}$$

である. □

例 3.11 図 3.2 の例で最初の目が 1 か 2 であるという条件の下で目の和が 4 になる確率は条件付確率であり,例 3.9 を用いると,

$$P(B|A) = \frac{P(A \cap B)}{P(A)} = \frac{2/36}{12/36} = \frac{2}{12} = \frac{1}{6}$$

となる. □

例 3.12 箱の中に赤玉 5 個と白玉 3 個が入っている. 1 個抜き出し,それを箱に戻さないで,もう 1 個とつづけて 2 個の玉を抜き出したとき,2 個とも赤玉である確率を求めよう. 1 個目が赤という事象を A, 2 個目が赤という事象を B とすると,乗法定理より

$$\begin{aligned} P(A \cap B) &= P(A) \cdot P(B|A) \\ &= \frac{5}{8} \times \frac{4}{7} = \frac{5}{14} \end{aligned}$$

となる. □

(3.28) 式の乗法定理は A と B の事象を逆に考えると

$$P(B \cap A) = P(B) \cdot P(A|B)$$

と書くことができるが,$P(B \cap A) = P(A \cap B)$ であるから,結局

$$P(A \cap B) = P(B) \cdot P(A|B) \tag{3.29}$$

でもある.

ベイズの定理

式 (3.27) のような条件付確率において，B の起こる条件となるような複数の事象を $A_1, A_2, \cdots, A_n$ とする．ここで，$A_1, A_2, \cdots, A_n$ は互いに排反であり標本空間を埋めつくしているものとする．さらに条件 A_i ($i = 1, 2, \cdots, n$) によって事象 B が起こる確率 $P(B|A_i)$ はわかっていて，それぞれ異なっているものとする．

いま，条件となる A_i の中のどれが起こるかはわからないものとするとき，確率 $P(A_i|B)$ はもともとの確率 $P(A_i)$ とは違ったものになるであろう．

条件付の事象 B の確率を大きくするには各 A_i の起こる確率を大きくする必要があるし，事象 B の確率を小さくす

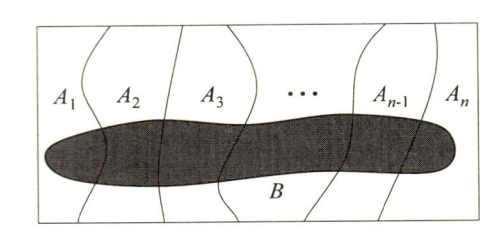

図3.5 条件付確率における事象 $A_1, A_2, \cdots, A_n$ と B の関係

るためには各 A_i の起こる確率を小さくする必要がある．このことは確率の乗法定理（式 (3.28) および式 (3.29)）より

$$P(A_i \cap B) = P(A_i) \cdot P(B|A_i) = P(B) \cdot P(A_i|B)$$

と書けるから，これを $P(A_i|B)$ について解くと

$$\begin{aligned} P(A_i|B) &= \frac{P(A_i)P(B|A_i)}{P(B)} \\ &= \frac{P(A_i)P(B|A_i)}{\sum_{i=1}^{n} P(A_i)P(B|A_i)} \end{aligned} \quad (3.30)$$

のように条件が得られる．ここで，

$$P(B) = \sum_{i=1}^{n} P(A_i)P(B|A_i)$$

を用いた．この式が**ベイズの定理**（Bayes' theorem）と呼ばれているものである．

この式は条件付確率を用いて条件の事象とその結果の事象とを逆にして確率を求める方法である．すなわち，事象 B が起こったことがわかっていれば事象 A_i の新しい確率を求めることができる．

例 3.13 ある工場の製品は 3 つの同種の工程 A_1, A_2, A_3 が並列に並ぶ製造工程で生産され,これらが同一ロットに詰められて出荷されている.各工程の生産能力はそれぞれ p_1, p_2, p_3 で不良率は q_1, q_2, q_3 である.

出荷検査の際にこのロットから 1 個を無作為に抽出したら不良品があった.このとき,この不良品が工程 A_i ($i = 1, 2, 3$) で作られた確率をそれぞれ計算することを考える.不良品が発生する事象を B と表すとすると

$$P(A_i) = p_i, \quad P(B|A_i) = q_i$$

と考えられるので,

$$P(A_i|B) = \frac{p_i q_i}{\sum_{i=1}^{3} p_i q_i}$$

で求められる.

いま具体的に

$$p_1 = 0.2, \quad p_2 = 0.5, \quad p_3 = 0.3,$$
$$q_1 = 0.02, \quad q_2 = 0.06, \quad q_3 = 0.03,$$

と与えられたとすると,

$$P(A_1|B) = 0.0930, \quad P(A_2|B) = 0.6977, \quad P(A_3|B) = 0.2093,$$

となる. □

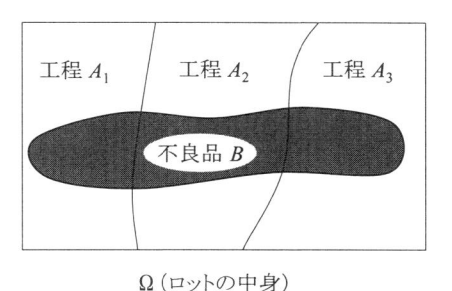

図 3.6 例 3.13 における事象 A_1, A_2, A_3 と B の関係

つぎに事象の独立性について考えてみよう.

いま 2 枚のコイン投げの実験を考える.例 3.5 で考えたように

$$\Omega = \{HH, HT, TH, TT\}$$

である.1 枚目が H である事象を A,2 枚目が T である事象を B とし,さ

らに 2 枚とも H である事象を C とする．このとき，$P(A) = 1/2$ であるが，事象 C が起こったという条件があれば $P(A|C) = 1$ となり $P(A)$ と異なるから，C という条件がきいていることになる．ところが B が起こったという条件があると，乗法定理より

$$P(A|B) = \frac{P(A \cap B)}{P(B)} = \frac{1/4}{1/2} = \frac{1}{2} = P(A)$$

となり，条件 B は事象 A の起こり方に影響しないことになる．このような場合，事象 A と事象 B は互いに**独立**（independent）であるという．そして独立な事象どうしは

$$P(A|B) = P(A)$$

あるいは

$$P(B|A) = P(B)$$

が成り立つということである．したがって (3.28) 式および (3.29) 式より，事象 A と事象 B が独立ならその独立性をつぎのように定義できる．

$$P(A \cap B) = P(A) \cdot P(B) \tag{3.31}$$

これは A と B が独立な場合の**乗法定理**である．

例 3.14 例 3.12 で 2 個の玉を抜き出すとき，1 個目を箱に戻したあと，2 個目を抜き出すとすると，1 個目が赤であろうと白であろうと，2 個目が赤であることに影響を及ぼさないから，

$$P(A \cap B) = P(A) \cdot P(B|A) = P(A) \cdot P(B)$$
$$= \frac{5}{8} \times \frac{5}{8} = \frac{25}{64}$$

となる． □

(3.31) 式を拡張して，k 個の事象 $E_1, E_2, \cdots, E_k$ が互いに独立な事象であれば，

$$P(E_1 \cap E_2 \cap \cdots \cap E_k) = P(E_1)P(E_2)\cdots P(E_k) \tag{3.32}$$

が成り立つ．

演習問題

[問 3.1] つぎの値を求めよ．
(1) $_6P_2$　(2) $_{10}P_6$　(3) $_8C_4$　(4) $_{10}C_2$

[問 3.2] $_nC_r = {}_nC_{n-r}$ $(0 \leq r \leq n)$ となることを示せ．

[問 3.3] 0 から 9 までの数字を使って，4 桁のコードを作るとする．つぎの場合，何通りできるか．
(1) 各桁すべて異なった数字とするとき．
(2) 各桁に同じ数字が重複してもいいとするとき．

[問 3.4] 16 人の学生が 4 台の車に 4 人ずつ分乗して合宿地へ向かうとき，分乗の方法は何通りあるか．ただし車の所有者は自分の車に乗るものとする．

[問 3.5] コインを 10 回投げて，ちょうど表が 6 回出る場合は何通りあるか．

[問 3.6] 1 組 52 枚のトランプカードから 1 枚を抜いたとき，そのカードがつぎの事象になる確率を求めよ．
(1) クラブかスペードである．
(2) ハートのエースである．
(3) ダイヤの絵札である．

[問 3.7] 男子 6 人，女子 4 人の計 10 人の中から 5 人を選ぶとき，男子 3 人，女子 2 人が選ばれる確率はいくらか．

[問 3.8] 赤玉 5 個，白玉 3 個の入った箱の中から 2 個を同時に取り出したとき，2 個とも白玉である確率はいくらか．

[問 3.9] つぎの表は，ある会社の社員 50 人の社歴別，学歴別の一覧表である．社員全体から 1 人を任意に選ぶとき，つぎの確率をそれぞれ求めよ．

学歴	社歴			
	0 年～5 年 (A)	6 年～10 年 (B)	11 年～15 年 (C)	16 年以上 (D)
中卒 (E)	0	1	2	3
高卒 (F)	7	15	5	5
大卒 (G)	6	4	1	1

1) $P(A)$　(2) $P(G)$　(3) $P(B \cap C)$　(4) $P(A \cap F)$
5) $P(E \cup G)$　(6) $P(A \cup B \cup F)$

[問 3.10] 事象 A, B は互いに独立な事象で，$P(A)1/4$, $P(B) = 2/3$ であるとき，つぎの確率を求めよ．
(1) $P(A \cap B)$　(2) $P(A \cap B')$　(3) $P(A' \cap B')$
(4) $P((A \cap B)')$　(5) $P(A' \cap B)$

第4章 確率分布

4.1 確率変数と確率分布

前章では事象と確率の概念を考えてきたが,これらを統計的推測の問題に取り入れていく準備をしておこう.

実験の結果得られるいろいろな事象は,数学的な集合と考えて,その起こる確率を定義したが,事象をある変数 X の実現値と考えると,X のとり得る値は,通常の変数と違って,一定の確率法則に従って決まることになる.したがって,ここでの変数は特に**確率変数**(random variable)と呼ばれ,確率変数 X の値のとり方を決定する確率法則を X の**確率分布**(probability distribution)という.

例 4.1 コイン投げの実験で表 (H) が出ることを $X = 1$,裏 (T) が出ることを $X = 0$ とすると,それぞれの起こる確率は $1/2$ であるから,このことを $Pr\{X = 0\} = 1/2$, $Pr\{X = 1\} = 1/2$ と書くことにしよう.さらに X の実現値を x とすると $Pr\{X = x\} = 1/2$ $(x = 0, 1)$ とも書くことができるから,この確率を $Pr\{X = x\} = p(x)$ とすると,$p(x)$ は x の関数になる.この $p(x)$ が確率変数 X の確率分布である.確率分布は関数で表すほかにつぎの表 4.1 や,図 4.1 のように表してもよい. □

表 4.1 コイン投げの確率分布

x	0	1	計
$p(x)$	1/2	1/2	1

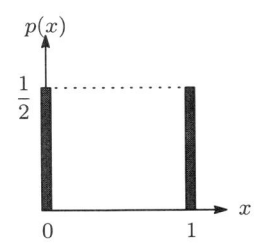

図 4.1 コイン投げの確率分布

例 4.2 例 3.7 の 2 個のサイコロを振る実験で，2 つのサイコロの目の和を X とすると X の確率分布は表 4.2 や図 4.2 のようになる． □

表4.2 2個のさいころを振る実験の確率分布

x	2	3	4	5	6	7	8	9	10	11	12	計
$p(x)$	1/36	2/36	3/36	4/36	5/36	6/36	5/36	4/36	3/36	2/36	1/36	1

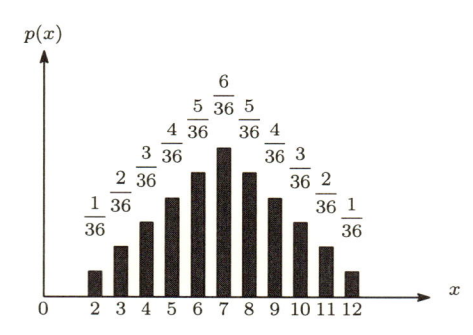

図4.2 2個のさいころを振る実験の確率分布

また，この分布を関数の形で表すと，

$$Pr\{X=x\} = p(x) = \begin{cases} \dfrac{1}{36}(x-1), & 2 \leq x \leq 7 \\ \dfrac{1}{36}(13-x), & 8 \leq x \leq 12 \end{cases} \tag{4.1}$$

のように書くことができる．

確率変数はその値のとり方によって，**離散型**（discrete type）**確率変数**と**連続型**（continuous type）**確率変数**に分けることができる．そして確率分布も離散型確率分布と連続型確率分布に分かれる．

離散型とは確率変数 X のとり得る値がとびとびの値となる場合である．例 4.1，例 4.2 はいずれも離散型確率分布の例である．

これに対し連続型とは確率変数 X のとり得る値がある範囲の中で，とびのない連続的なものとなる場合である．

> **例 4.3** ある範囲内の値を切れ目なく連続的にとり得るものとして，ある集団の人間の身長や体重などが考えられる．この場合の確率分布としては，図 4.3 のようなものになるであろう． □
>
> 図 4.3 連続型確率変数の確率分布の例（身長）

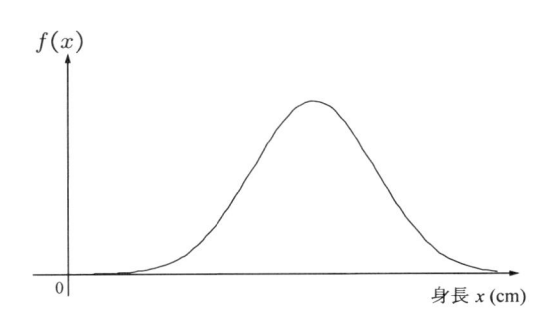

では連続型では確率をどのように表現したらいいだろうか．確率変数 X はとびとびの値ではなく，ある範囲の中で連続的にとり得る値であるということから，特定の x については

$$Pr\{X = x\} = 0 \tag{4.2}$$

である．したがって確率を表現するには $Pr\{x' < X < x''\}$ のように X がある範囲にある確率だけを考えることになる．離散型では $Pr\{X = x\} = p(x)$ なる関数を考えたが，この $p(x)$ のことを**確率関数**（probability function）という．一方，連続型では微小区間 dx を考え，

$$Pr\{x < X < x + dx\} = f(x)dx \tag{4.3}$$

なる関数 $f(x)$ を考え，この $f(x)$ のことを**確率密度関数**（probability density function）という．

図 4.4 で同じ 2 つの微小区間 dx の確率を表してあるが，$f(x)$ は区間をさらに限りなく小さくしていったときの，区間 dx での平均的な単位当たりの確率の極限値ということもでき，$f(x)$ のことを確率密度と考えることができる．

このように，確率分布が離散的であるか連続的であるかによって，確率の扱い方が違ってくることをここではっきり区別しておこう．

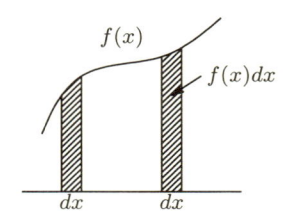

図 4.4 連続型分布の確率密度関数の意味

確率の定義より,確率関数や確率密度関数についてはつぎの条件を満たしていなければならない.

$$p(x) \geq 0, \quad \sum_{\text{すべての } x} p(x) = 1 \tag{4.4}$$

$$f(x) \geq 0, \quad \int_{-\infty}^{\infty} f(x)dx = 1 \tag{4.5}$$

(4.4) 式については離散型の場合 X のとり得る値 x はとびとびであるから,$Pr\{X = x_1\} = p(x_1) = p_1$, $Pr\{X = x_2\} = p(x_2) = p_2$, $\cdots$, $Pr\{X = x_k\} = p(x_k) = p_k$ として,

$$p(x_i) = p_i \geq 0, \quad \sum_{i=1}^{k} p(x_i) = \sum_{i=1}^{k} p_i = 1 \tag{4.6}$$

のように表現することもある.また (4.5) 式について,連続型確率変数 X のとり得る値の範囲をここでは一般的に実数のあらゆる範囲として考えている.

4.2 分布関数とその性質

確率分布として確率関数 $p(x)$ あるいは確率密度関数 $f(x)$ が与えられたとき,

$$F(x) = Pr\{X \leq x\} = \begin{cases} \displaystyle\sum_{x' \leq x} p(x'), & \text{(離散型の場合)} \\ \displaystyle\int_{-\infty}^{x} f(t)dt, & \text{(連続型の場合)} \end{cases} \tag{4.7}$$

で定められる $F(x)$ を分布の**分布関数**あるいは**累積分布関数**(cumulative distribution function) という.

例 4.4 1個のサイコロを振る実験で，出る目の数を X とすると，離散型分布は

$$p(x) = \frac{1}{6}, \quad (x = 1, 2, 3, 4, 5, 6)$$

であるから，分布関数 $F(x)$ を求めると，

$$\begin{aligned}
&x < 1 \quad \text{のとき} \quad F(x) = 0 \\
&1 \leq x < 2 \quad \text{のとき} \quad F(x) = p(1) = 1/6 \\
&2 \leq x < 3 \quad \text{のとき} \quad F(x) = p(1) + p(2) = 2/6 \\
&\quad \vdots \\
&5 \leq x < 6 \quad \text{のとき} \quad F(x) = \sum_{x' \leq 5} p(x') \\
&\qquad\qquad\qquad\qquad\quad = \sum_{x'=1}^{5} p(x') = 5/6 \\
&6 \leq x \quad \text{のとき} \quad F(x) = \sum_{x'=1}^{6} p(x') = 1
\end{aligned}$$

である．確率関数と分布関数は図 4.5 のようになる． □

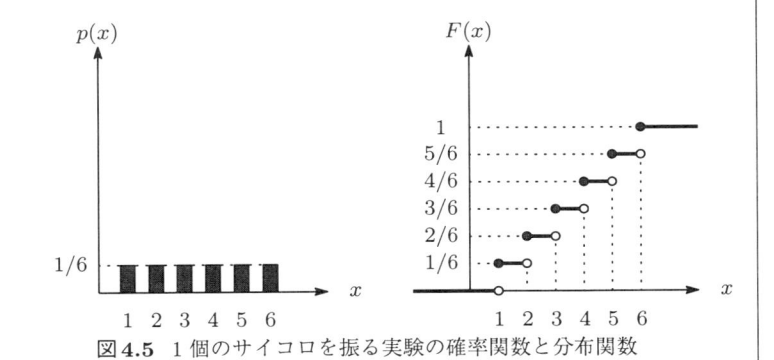

図 4.5 1個のサイコロを振る実験の確率関数と分布関数

例 4.5 確率密度関数 $f(x)$ が

$$f(x) = \begin{cases} 2x, & (0 < x < 1) \\ 0, & (\text{それ以外}) \end{cases}$$

で与えられる場合，分布関数は

$$F(x) = \int_{-\infty}^{x} f(x)dt$$

$$= \begin{cases} 0, & (x < 0) \\ \int_{0}^{x} 2tdt = x^2, & (0 \leq x < 1) \\ 1, & (1 \leq x) \end{cases}$$

となり，図 4.6 で表される． □

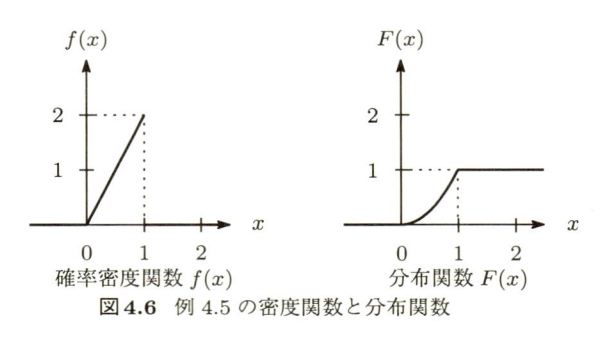

図 4.6 例 4.5 の密度関数と分布関数

分布関数 $F(x)$ に関しては一般に $a < b$ とすると，

$$Pr\{a \leq X < b\} = F(b) - F(a)$$

が成り立つことは，確率の加法定理より容易にわかるし，またつぎの性質もある．

1) $0 \leq F(x) \leq 1$.

2) $F(x)$ は非減少関数である．すなわち $x' < x''$ とすると，

$F(x') \leq F(x'')$.

3) $F(-\infty) = 0, \ F(\infty) = 1$.

4.3 確率分布の平均と分散

データの記述のところで，位置の尺度として平均，ばらつきの尺度として分散という 2 つの尺度を考えたが，この節では確率分布におけるこれらの尺度について考えてみよう．

確率変数 X が離散形か連続型かにより，これらの定義は違ってくる．

まず離散型の場合からみてみよう．いま確率関数を $p(x)$ とするとき，分布の**平均**（mean）μ を

$$\mu = \sum_{\text{すべての } x} xp(x) \tag{4.8}$$

または X の取り得る値が $x_1, x_2, \cdots, x_k$ のときは

$$\mu = \sum_{i=1}^{k} x_i p(x_i) = \sum_{i=1}^{k} x_i p_i \tag{4.9}$$

で定義する．また，**分散**（variance）σ^2 を

$$\sigma^2 = \sum_{\text{すべての } x} (x - \mu)^2 p(x) \tag{4.10}$$

または

$$\sigma^2 = \sum_{i=1}^{k} (x_i - \mu)^2 p(x_i) = \sum_{i=1}^{k} (x_i - \mu)^2 p_i \tag{4.11}$$

で定義する．

分布の平均 μ は確率変数 X の**数学的期待値**または単に**期待値**（expectation）とも呼ばれ，記号 $E(X)$ で表す．すなわち

$$\mu = E(X) = \sum xp(x) \tag{4.12}$$

で期待値を定義する．

ここで期待値について，つぎの性質をあげておこう．

1) c を定数とするとき, $E(c) = c$.

これは
$$E(c) = \sum cp(x) = c\sum p(x) = c \times 1 = c$$
より明らかである.

2) c を定数とし, $u(X)$ を確率変数 X に関する任意の関数とすると,
$$E[cu(X)] = cE[u(X)]$$
が成り立つ. このことはつぎのように示すことができる.
$$E[cu(X)] = \sum cu(x)p(x)$$
$$= c\sum u(x)p(x) = cE[u(X)]$$

3) c_1 と c_2 を定数とし, $u_1(X)$ と $u_2(X)$ を X に関する任意の 2 つの関数とすると,
$$E[c_1 u_1(X) + c_2 u_2(X)] = c_1 E[u_1(X)] + c_2 E[u_2(X)]$$
が成り立つ. これは
$$E[c_1 u_1(X) + c_2 u_2(X)] = \sum (c_1 u_1(x) + c_2 u_2(x))p(x)$$
$$= \sum c_1 u_1(x)p(x) + \sum c_2 u_2(x)p(x)$$

より 2) を用いれば
$$E[c_1 u_1(X) + c_2 u_2(X)] = c_1 E[u_1(X)] + c_2 E[u_2(X)]$$
を得る.

3) については, 一般に k 個の場合についても成り立つことが同様の方法で容易に示すことができる.

分布の分散 σ^2 は確率変数 $(X-\mu)^2$ の期待値でもあり, $Var(X)$ と書くこともあるが,
$$\sigma^2 = Var(X) = E(X-\mu)^2 = \sum_{\text{すべての } x}(x-\mu)^2 p(x) \tag{4.13}$$
とも書くことができる.

(4.10) の分散の式は
$$\sigma^2 = \sum(x-\mu)^2 p(x) = \sum(x^2 - 2\mu x + \mu^2)p(x)$$
$$= \sum x^2 p(x) - 2\mu \sum xp(x) + \mu^2 \sum p(x)$$
$$= \sum x^2 p(x) - 2\mu \cdot \mu + \mu^2 \cdot 1$$
$$= \sum x^2 p(x) - \mu^2 \tag{4.14}$$

または，

$$\sigma^2 = \sum_{i=1}^{k} x_i^2 p(x_i) - \mu^2 \tag{4.15}$$

と変形しておくこともできる．したがって (4.13) 式も同様にして期待値の性質より

$$\begin{aligned}
\sigma^2 = Var(X) &= E(X-\mu)^2 = E(X^2 - 2\mu X + \mu^2) \\
&= E(X^2) - 2\mu E(X) + \mu^2 = E(X^2) - \mu^2 \\
&= E(X^2) - \{E(X)\}^2
\end{aligned} \tag{4.16}$$

のように変形することができる．

また分散の正の平方根は第 2 章の標本データの整理のときと同じように分布の**標準偏差**という．

例 4.6 サイコロを振る実験では

$$p(x) = \frac{1}{6} \quad (x = 1, 2, 3, 4, 5, 6)$$

であるから，その平均と分散は

$$\begin{aligned}
\mu &= \sum_{x=1}^{6} x p(x) \\
&= (1+2+3+4+5+6) \times \frac{1}{6} = \frac{21}{6} \\
&= 3.5
\end{aligned}$$

$$\begin{aligned}
\sigma^2 &= \sum_{x=1}^{6} x^2 p(x) - \mu^2 \\
&= (1^2 + 2^2 + 3^2 + 4^2 + 5^2 + 6^2) \times \frac{1}{6} - \left(\frac{21}{6}\right)^2 \\
&= \frac{91}{6} - \frac{441}{36} \\
&= \frac{35}{12}
\end{aligned}$$

となる． □

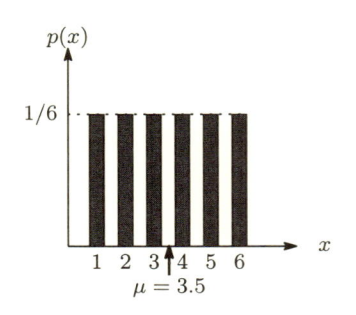

図4.7 1個のサイコロを振る実験の確率分布の平均の位置

例 4.7 同じくサイコロを振って出た目の 100 倍の額をもらえるというゲームを考えよう．もらえる額を X 円とすると，X の確率分布は

x	100	200	300	400	500	600
$p(x)$	1/6	1/6	1/6	1/6	1/6	1/6

となるから，分布の平均すなわち期待値は

$$\mu = \sum xp(x) = \frac{2100}{6} = 350 \text{ 円}$$

であり，これはこのゲームで獲得できる金額の期待金額でもある． □

つぎに連続形の場合の分布の平均および分散は，確率密度関数を $f(x)$ とするとき，つぎのように定義する．

$$\mu = \int_{-\infty}^{\infty} xf(x)dx \tag{4.17}$$

$$\sigma^2 = \int_{-\infty}^{\infty} (x-\mu)^2 f(x)dx$$
$$= \int_{-\infty}^{\infty} x^2 f(x)dx - \mu^2 = E(X^2) - \mu^2 \tag{4.18}$$

例 4.8 確率密度関数が

$$f(x) = \begin{cases} \dfrac{x}{2}, & (0 < x < 2) \\ 0, & (それ以外) \end{cases}$$

で与えられる分布の平均と分散はつぎのようになる. □

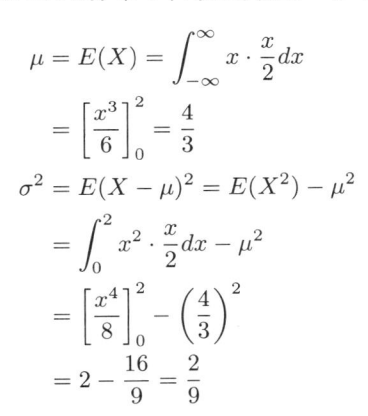

$$\mu = E(X) = \int_{-\infty}^{\infty} x \cdot \frac{x}{2} dx$$
$$= \left[\frac{x^3}{6}\right]_0^2 = \frac{4}{3}$$
$$\sigma^2 = E(X-\mu)^2 = E(X^2) - \mu^2$$
$$= \int_0^2 x^2 \cdot \frac{x}{2} dx - \mu^2$$
$$= \left[\frac{x^4}{8}\right]_0^2 - \left(\frac{4}{3}\right)^2$$
$$= 2 - \frac{16}{9} = \frac{2}{9}$$

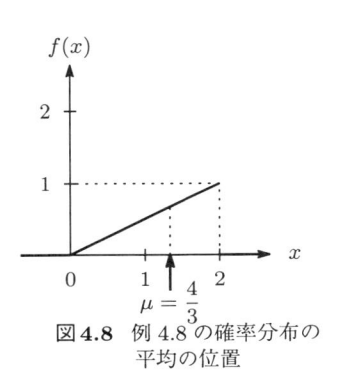

図 4.8 例 4.8 の確率分布の平均の位置

演習問題

[問 4.1] つぎの確率分布について,平均と分散を求めよ.また確率関数と分布関数をグラフに表せ.

(1)

x	0	1	2	3	4
$p(x)$	1/8	1/4	1/4	1/4	1/8

(2)

x	3	4	5	6
$p(x)$	0.04	0.26	0.46	0.24

[問 4.2] 正 20 面体の面に 0 から 9 までの数字が 2 面ずつに記されているサイコロ(乱数サイ)を振って,出た目の 100 倍の額がもらえるというゲームをするとき,このゲームで獲得できる金額の期待値はいくらか.

[問 4.3] 確率関数が

$$p(x) = \begin{cases} \dfrac{1}{5}, & (x = 1, 2, 3, 4, 5) \\ 0, & (それ以外) \end{cases}$$

で与えられるとき，$E(X)$ および $E(X^2)$ を求め，さらにこれを利用して $E[(X+2)^2]$ を求めよ．

[問 4.4] 確率関数が

$$p(x) = \begin{cases} cx, & (x = 1, 2, 3, 4, 5) \\ 0, & (それ以外) \end{cases}$$

で表わされるとき，
(1) 確率分布の条件を満たすには c の値はいくらか．
(2) この分布の確率分布表を作り，そのグラフを描け．
(3) この分布の平均と分散を求めよ．

[問 4.5] 確率密度関数が，

$$f(x) = \begin{cases} 1, & (0 < x < 1) \\ 0, & (それ以外) \end{cases}$$

で与えられるとき，この分布の平均と分散を求めよ．また密度関数と分布関数をグラフに表せ．

[問 4.6] 確率変数 X の分布が，確率密度関数

$$f(x) = \begin{cases} \dfrac{x^2}{9}, & (0 < x < 3) \\ 0, & (それ以外) \end{cases}$$

をもつとき，確率密度関数 $f(x)$ をグラフに表せ．また，分布関数 $F(x)$ を求め，これを利用して $Pr\left\{X \leq \dfrac{1}{2}\right\}$ を求めよ．

[問 4.7] 55 才の男性が，むこう 1 年間に生存する確率は 0.989 であるとする．ある 55 才の男性が 1 年間 500 万円の保険受益と引き換えに支払うべき保険料はいくらになるか．

第5章 いろいろな確率分布

前章で一般的な確率分布について考えてきたが，本章では統計学の中でより実用的な理論分布としての確率分布をいくつか考えていく．

5.1 2項分布

2項分布（binomial distribution）は離散型分布の中で最も基本的な分布であり，つぎのような確率関数で与えられる．

$$Pr\{X = x\} = p(x) = {}_nC_x p^x (1-p)^{n-x} \qquad (x = 0, 1, 2, \cdots, n)$$
$$= {}_nC_x p^x q^{n-x} \qquad (p + q = 1) \tag{5.1}$$

いま，ある実験の1回の試行で A が起こるか起こらないかだけを問題にすることとする．そこで事象 A が起こることを S（success），起こらないことを F（fail）とおいて，それらの確率を

$$P(S) = p, \qquad P(F) = 1 - p = q$$

とする．この実験が繰り返し行えるものとして，n 回独立に試行したとき，A の起こる回数を確率変数 X とすると，X の確率分布が (5.1) 式で与えられる．

この式の導出を行ってみよう．まず n 回の試行の結果の中で極端な場合を考えてみる．結果が

$$A_1 = \underbrace{SS \cdots S}_{x \,回} \underbrace{FF \cdots F}_{n-x \,回} \tag{5.2}$$

となる事象の確率は，それぞれの試行が独立であることより，確率の乗法定理を適用すると，

$$P(A_1) = \underbrace{p \cdot p \cdots p}_{x \,個} \underbrace{q \cdot q \cdots q}_{n-x \,個} = p^x q^{n-x} \tag{5.3}$$

である．また結果が

$$A_2 = \underbrace{FF\cdots F}_{n-x\,回}\underbrace{SS\cdots S}_{x\,回} \tag{5.4}$$

となる事象の確率も同様に

$$P(A_2) = q^{n-x}p^x = p^x q^{n-x} \tag{5.5}$$

となる．(5.3) 式および (5.5) 式からいえることは，n 個の系列の中のどこかに S が x 回現れ，それ以外が F であれば，その事象の確率はやはり $p^x q^{n-x}$ であるということである．

では n 回の系列の中に S が x 回現れることがどれだけあるかは組み合わせの問題であり，その数は ${}_nC_x$ である．それだけの事象は互いに排反であり，それぞれの確率はどれをとっても $p^x q^{n-x}$ ということであるから，確率の加法定理を適用すると，

$$Pr\{X=x\} = \underbrace{p^x q^{n-x} + p^x q^{n-x} + \cdots + p^x q^{n-x}}_{{}_nC_x\,項}$$

$$= {}_nC_x p^x q^{n-x} \tag{5.6}$$

となり，(5.1) 式が得られる．この式が確率分布であることは 2 項展開の公式 ((3.8) 式) を逆に用いると

$$\sum_{x=0}^{n} {}_nC_x p^x q^{n-x} = (p+q)^n = 1 \tag{5.7}$$

より明らかであるが，このことはその分布の名前が 2 項分布と呼ばれる理由でもある．

例 5.1 正常なコインを投げる実験で，5 回投げて x 回表の出る確率は，$n=5$，$p=1/2$ の 2 項分布より

$$p(x) = {}_5C_x \left(\frac{1}{2}\right)^x \left(\frac{1}{2}\right)^{5-x}$$

$$= {}_5C_x \left(\frac{1}{2}\right)^5 \quad (x = 0, 1, 2, 3, 4, 5)$$

であるから，各 x について $p(x)$ を計算すると，つぎのようになる．

$$p(0) = {}_5C_0 \left(\frac{1}{2}\right)^0 \left(\frac{1}{2}\right)^5 = \frac{1}{2^5}$$

$$p(1) = {}_5C_1 \left(\frac{1}{2}\right)^1 \left(\frac{1}{2}\right)^4 = \frac{5}{2^5}$$

$$\vdots$$

$$p(5) = {}_5C_5 \left(\frac{1}{2}\right)^5 \left(\frac{1}{2}\right)^0 = \frac{1}{2^5}$$

図 5.1 $n=5$, $p=1/2$ の 2 項分布

x	0	1	2	3	4	5	計
$p(x)$	$1/2^5$	$5/2^5$	$10/2^5$	$10/2^5$	$5/2^5$	$1/2^5$	1

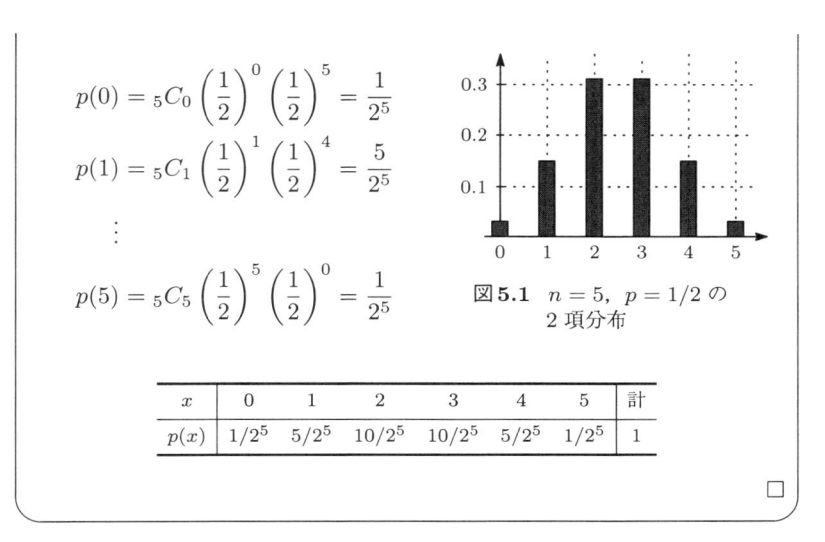

(5.1) 式により確率 $p(x)$ を計算するには，式から直接計算しなくても漸化式の形で逐次計算をすることができる．(5.1) 式より

$$p(x+1) = {}_nC_{x+1} p^{x+1} q^{n-(x+1)} \tag{5.8}$$

であるから，(5.8) 式と (5.1) 式の比をとると，

$$\begin{aligned}\frac{p(x+1)}{p(x)} &= \frac{n!}{(x+1)!(n-x-1)!} \cdot \frac{x!(n-x)!}{n!} \cdot \frac{p^{x+1} q^{n-x-1}}{p^x q^{n-x}} \\ &= \frac{n-x}{x+1} \cdot \frac{p}{q}\end{aligned} \tag{5.9}$$

となるから

$$p(x+1) = \frac{n-x}{x+1} \cdot \frac{p}{q} \cdot p(x) \tag{5.10}$$

が得られ，最初

$$p(0) = q^n$$

を求めておくと $x = 0, 1, 2, \cdots, n-1$ を (5.10) 式に代入することによって，つぎつぎと前の結果を使って $p(x)$ の値を計算することができる．電卓や表計算ソフトを使って確率計算をする場合は (5.1) 式よりむしろ (5.10) 式の方が便利である．

60　第5章　いろいろな確率分布

> **例 5.2** サイコロを5回振って1か2の目の出る回数を X とすると，X の分布は $n=5$，$p=1/3$ の2項分布になるから
>
> $$p(x) = {}_5C_x \left(\frac{1}{3}\right)^x \left(\frac{2}{3}\right)^{5-x} \qquad (x=0,1,2,3,4,5)$$
>
> で与えられる．$p(0) = (2/3)^5 = 0.131687$，$p/q = 1/2$ であるから，(5.10)式により
>
> $$p(1) = 5 \cdot \frac{1}{2} \cdot p(0) = 0.3292$$
>
> $$p(2) = \frac{4}{2} \cdot \frac{1}{2} \cdot p(1) = 0.3292$$
>
> と計算を続けると，つぎのような確率分布表が得られる．　□
>
> | x | 0 | 1 | 2 | 3 | 4 | 5 | 計 |
> |---|---|---|---|---|---|---|---|
> | $p(x)$ | 0.1317 | 0.3292 | 0.3292 | 0.1646 | 0.0412 | 0.0041 | 1 |

2項分布は (5.1) 式のように n と p が決まれば分布が決まり，確率分布がはっきりするから，このような n，p を分布を特徴づける分布の**母数**またはパラメータ (parameter) といい，今後，確率変数 X がパラメータ n，p をもつ2項分布に従っているということを

$$X \sim B(x\,;\,n,p)$$

のように書くことにする．

つぎに2項分布 (5.1) 式の平均 μ と分散 σ^2 はどうなるであろうか．平均は第4章での定義より

$$\mu = \sum_{x=0}^{n} xp(x) = \sum_{x=0}^{n} x \cdot {}_nC_x p^x q^{n-x} \tag{5.11}$$

を計算すればよい．ここでは，

$$\mu = \sum_{x=0}^{n} x \cdot {}_nC_x p^x q^{n-x} = \sum_{x=1}^{n} x \cdot {}_nC_x p^x q^{n-x}$$

であり，
$$x \cdot {}_nC_x = x \cdot \frac{n!}{x!(n-x)!} = n \cdot \frac{(n-1)!}{(x-1)!(n-x)!}$$
と変形できるから，$x-1=y$ とおくと
$$\mu = np \sum_{y=0}^{n-1} {}_{n-1}C_y p^y q^{n-1-y}$$
$$= np(p+q)^{n-1} = np \tag{5.12}$$
となる．

分散は定義より
$$\sigma^2 = \sum_{x=0}^{n} x^2 p(x) - \mu^2$$
$$= \sum_{x=0}^{n} x^2 \cdot {}_nC_x p^x q^{n-x} - (np)^2 \tag{5.13}$$
であるが，
$$\sum_{x=0}^{n} x^2 \cdot {}_nC_x p^x q^{n-x} = \sum_{x=0}^{n} \{x(x-1) + x\} \cdot {}_nC_x p^x q^{n-x}$$
$$= \sum_{x=0}^{n} x(x-1) \cdot {}_nC_x p^x q^{n-x} + \sum_{x=0}^{n} x \cdot {}_nC_x p^x q^{n-x}$$
$$= \sum_{x=2}^{n} x(x-1) \cdot \frac{n!}{x!(n-x)!} \cdot p^x q^{n-x} + np$$
$$= \sum_{x=2}^{n} \frac{n!}{(x-2)!(n-x)!} \cdot p^x q^{n-x} + np$$
$$= n(n-1)p^2 \cdot \sum_{x=2}^{n} \frac{(n-2)!}{(x-2)!(n-x)!} \cdot p^{x-2} q^{n-x} + np$$

ここで，$x-2=y$ とおくと
$$= n(n-1)p^2 \cdot \sum_{y=0}^{n-2} \frac{(n-2)!}{y!(n-2-y)!} \cdot p^y q^{n-2-y} + np$$
$$= n(n-1)p^2 \cdot \sum_{y=0}^{n-2} (p+q)^{n-2} + np$$
$$= n(n-1)p^2 + np$$

である．したがって，式 (5.13) から，

$$\begin{aligned}
\sigma^2 &= \sum_{x=0}^{n} x^2 \cdot {}_nC_x p^x q^{n-x} - (np)^2 \\
&= n(n-1)p^2 + np - (np)^2 \\
&= np\{(n-1)p + 1 - np\} \\
&= np(1-p) \\
&= npq
\end{aligned} \tag{5.14}$$

が得られる．

例 5.3 プロ野球チームのある選手の過去の打率が 0.37 であるとき，この選手が 1 試合で 5 打席中のヒットの数 X は 2 項分布に従うと考えてよい．このときのヒット数の平均ならびに分散はどうなるだろうか．

X の分布は $n=5$, $p=0.37$ の 2 項分布となるから平均ヒット数は

$$\begin{aligned}
\mu &= np = 5 \times 0.37 \\
&= 1.85 \text{ 本}
\end{aligned}$$

分散および標準偏差は

$$\begin{aligned}
\sigma^2 &= np(1-p) = 5 \times 0.37 \times 0.63 \\
&= 1.1655 \\
\sigma &= 1.079
\end{aligned}$$

となる． □

---

2 項分布は，例 5.3 のような問題のほかに，世論調査やアンケート調査，さらに薬品の治癒率など比率や割合を問題にするいろいろな現象の中で応用され，統計的推測の中でも重要な分布の 1 つである．

2 項分布はパラメータ n, p の違いにより，その分布の形はかなり違ったものになるということを示すために，表 5.1 と図 5.2 はいくつかの n について $p=1/3$ を固定したものを，また図 5.3 には $n=30$ を固定して p をいろいろ変えたものをあげてある．

表5.1 $p = 1/3$ の2項分布

x	$n = 5$	$n = 10$	$n = 15$	$n = 20$	$n = 25$	$n = 30$
0	0.1317	0.0173	0.0023	0.0003	0.0000	0.0000
1	0.3292	0.0867	0.0171	0.0030	0.0005	0.0001
2	0.3292	0.1951	0.0599	0.0143	0.0030	0.0006
3	0.1646	0.2601	0.1299	0.0429	0.0114	0.0026
4	0.0412	0.2276	0.1948	0.0911	0.0313	0.0089
5	0.0041	0.1366	0.2143	0.1457	0.0658	0.0232
6		0.0569	0.1786	0.1821	0.1096	0.0484
7		0.0163	0.1148	0.1821	0.1487	0.0829
8		0.0030	0.0574	0.1480	0.1673	0.1192
9		0.0003	0.0223	0.0987	0.1580	0.1457
10		0.0000	0.0067	0.0543	0.1264	0.1530
11			0.0015	0.0247	0.0862	0.1391
12			0.0003	0.0092	0.0503	0.1101
13			0.0000	0.0028	0.0251	0.0762
14			0.0000	0.0007	0.0108	0.0463
15			0.0000	0.0001	0.0040	0.0247
16				0.0000	0.0012	0.0116
17				0.0000	0.0003	0.0048
18				0.0000	0.0001	0.0017
19				0.0000	0.0000	0.0005
20				0.0000	0.0000	0.0001

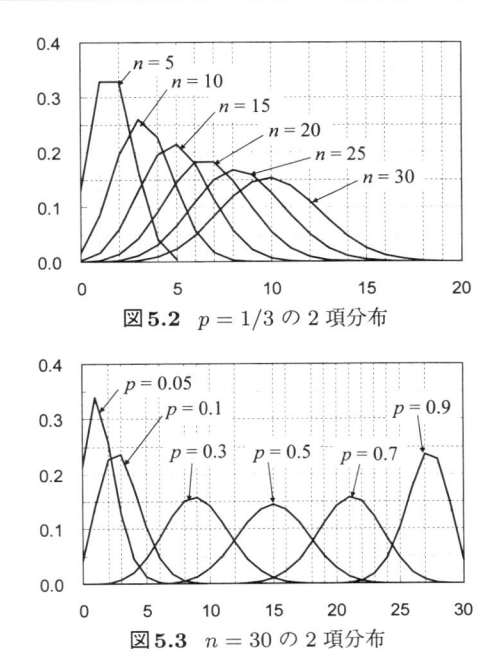

図5.2 $p = 1/3$ の2項分布

図5.3 $n = 30$ の2項分布

特に図5.2と図5.3では，これまでの離散分布のグラフとは違って，各分布の確率値の頂点を結んだものにして，その形状の違いが一目でわかるようにしてある．

これらの図からわかるように，2項分布はpが一定であればnの値が大きくなるにしたがって平均npの位置がどんどん右の方へ移っていくと同時に，その形はすそ野が広がる左右対称の形になっていくことがわかる．またnが一定であればpが大きいところや小さいところでは図形は非対称であるが，あるpの範囲ではやはり対称の図形になることが読みとれると思う．2項分布が対称になる場合についてはのちほど詳しくふれることにする．

5.2 ポアソン分布

2項分布の確率式 (5.1) において，$np = \lambda$ を一定にしておいて，パラメータ n を限りなく大きく，数学的には $n \to \infty$ とすると，どのようになるであろうか．

$np = \lambda$ より $p = \lambda/n$ であるから，これを (5.1) 式に代入すると

$$p(x) = \frac{n!}{x!(n-x)!} \left(\frac{\lambda}{n}\right)^x \left(1 - \frac{\lambda}{n}\right)^{n-x} \tag{5.15}$$

より

$$\lim_{n \to \infty} p(x) = \lim_{n \to \infty} \frac{n(n-1)\cdots(n-x+1)}{n^x} \cdot \frac{\lambda^x}{x!} \left(1 - \frac{\lambda}{n}\right)^n \left(1 - \frac{\lambda}{n}\right)^{-x}$$

となり，またある固定した x については

$$\lim_{n \to \infty} \frac{n(n-1)\cdots(n-x+1)}{n^x} = \lim_{n \to \infty} \left\{ 1 \cdot \left(1 - \frac{1}{n}\right) \cdots \left(1 - \frac{x-1}{n}\right) \right\}$$
$$= 1,$$

$$\lim_{n \to \infty} \left(1 - \frac{\lambda}{n}\right)^n = e^{-\lambda} \quad \text{（指数関数の定義）},$$

$$\lim_{n \to \infty} \left(1 - \frac{\lambda}{n}\right)^{-x} = 1$$

となるから，結局

$$\lim_{n \to \infty} p(x) = \frac{\lambda^x}{x!} e^{-\lambda} \tag{5.16}$$

が得られる．ここに e は自然対数の底と呼ばれる無理数であり，およそ 2.71828 である．

確率関数 $p(x)$ が（5.16）式で与えられる確率分布を**ポアソン分布**（Poisson distribution）という．2 項分布では $x = 0, 1, 2, \cdots, n$ であったが，$n \to \infty$ ということは，ここでは $n = 0, 1, 2, \cdots$ と無限個の離散値をとり得る．したがってポアソン分布の確率関数を

$$p(x) = \frac{\lambda^x}{x!} e^{-\lambda} \quad (\lambda > 0,\ x = 0, 1, 2, \cdots) \tag{5.17}$$

で定義することにする．

$p(x)$ が確率分布式であることはマクローリン展開と呼ばれる公式より

$$\sum_{x=0}^{\infty} \frac{\lambda^x}{x!} e^{-\lambda} = e^{-\lambda} \sum_{x=0}^{\infty} \frac{\lambda^x}{x!} = e^{-\lambda} \cdot e^{\lambda} = 1$$

となるし，$p(x) \geq 0$ は当然に成り立つことより明らかである．

ポアソン分布のパラメータは λ ただ 1 個であるが，これはどういう意味があるのだろうか．いまこの分布の平均 μ と分散 σ^2 を（5.17）式から求めてみると，

$$\mu = E(X) = \sum_{x=0}^{\infty} x p(x) = \sum_{x=0}^{\infty} x \cdot \frac{\lambda^x}{x!} e^{-\lambda}$$
$$= e^{-\lambda} \sum_{x=0}^{\infty} \frac{\lambda^x}{(x-1)!}$$

ここで $x - 1 = y$ とおくと

$$\mu = e^{-\lambda} \sum_{y=0}^{\infty} \frac{\lambda^{y+1}}{y!} = \lambda e^{-\lambda} \sum_{y=0}^{\infty} \frac{\lambda^y}{y!} = \lambda e^{-\lambda} \cdot e^{\lambda} = \lambda$$

が得られる．すなわち λ はポアソン分布の平均になっていることがわかった．

分散についても，平均と同様に途中の式の展開を工夫すると，

$$\sigma^2 = E(X^2) - [E(X)]^2 = E[X(X-1)] + E(X) - [E(X)]^2$$
$$= \lambda^2 + \lambda - \lambda^2 = \lambda$$

が得られる．すなわちポアソン分布では平均も分散も分布のパラメータ λ に等しい．

例 5.4 $\lambda = 3$ のポアソン分布の確率関数は

$$p(x) = \frac{3^x}{x!}e^{-3} \quad (x = 0, 1, 2, \cdots)$$

で与えられ，確率を計算すると，

$$p(0) = e^{-3} = 0.04979$$

$$p(1) = 3e^{-3} = 0.14936$$

$$p(2) = \frac{3^2}{2}e^{-3} = 0.22404$$

$$p(3) = \frac{3^3}{3 \cdot 2}e^{-3} = 0.22404$$

$$\vdots$$

となり，以下表 5.2 のようになり，分布のグラフは図 5.4 のようになる．　□

表5.2 $\lambda = 3$ のポアソン分布

x	$p(x)$
0	0.04979
1	0.14936
2	0.22404
3	0.22404
4	0.16803
5	0.10082
6	0.05041
7	0.02160
8	0.00810
9	0.00270
10	0.00081
11	0.00022
12	0.00006
13	0.00001
14	0.00000
合計	1.00000

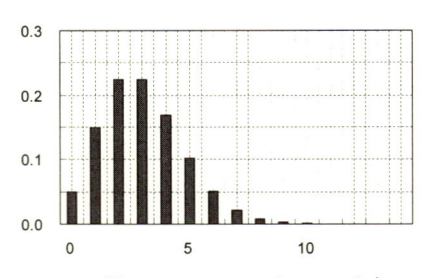

図5.4 $\lambda = 3$ のポアソン分布

ポアソン分布は 2 項分布で $np = \lambda$ を一定にして n を大きくしたときの分布であったから，逆に p は非常に小さい値ということであるが，このような現象は現実の社会ではどういう場合に起こるだろうか．一定地域内のある決まった場所を通過する車の台数，バス停に気まぐれに到着する客の数，空間的にランダムに発生する物質表面の傷の数，一定時間内に銀行の ATM を訪れる客の数などいろいろ考えられるが，このようにポアソン分布は世の中の稀少現象を説明する確率モデルとしてよく利用される．

表 5.3 のデータは，地方のある交差点で信号待ちをする車の数を，信号 100 回分調べたものである．この現象はポアソン分布としてあてはまるだろうか．

表 5.3 ポアソン分布の例

台数	0	1	2	3	4	5	6	合計
回数	50	33	10	3	2	1	1	100
のべ台数	0	33	20	9	8	5	6	81

表 5.3 より，信号 1 回当たりの車の平均待ち台数は

$$\frac{1}{100} \cdot (0 \times 50 + 1 \times 33 \cdots + 6 \times 1) = 0.81 \text{（台）}$$

であり，この値がポアソン分布の平均 λ の値だと推定すると，確率関数が

$$p(x) = \frac{0.81^x}{x!} e^{-0.81}$$

で定められる．この式から $x = 0, 1, \cdots, 6$ について，$p(x)$ を計算し，その確率から全観測の 100 回を配分した各台数の観測回数を計算し（表 5.4），実際の観測結果と並べてグラフを描くと図 5.5 のようになる．ポアソン分布への近さが読み取れるだろう．

2 項分布のときに述べたように，ポアソン分布の確率計算も，(5.17) 式から直接に計算しなくても，漸化式の形で逐次計算をすることができる．(5.17) 式より

$$p(x+1) = \frac{\lambda^{x+1}}{(x+1)!} e^{-\lambda} \tag{5.18}$$

であるから，(5.18) 式と (5.17) 式の比をとると，

$$\frac{p(x+1)}{p(x)} = \frac{\lambda^{x+1}}{(x+1)!} e^{-\lambda} \cdot \frac{x!}{\lambda^x} e^{\lambda} = \frac{\lambda}{x+1} \tag{5.19}$$

となるから，

$$p(x+1) = \frac{\lambda}{x+1} \cdot p(x) \tag{5.20}$$

表5.4 ポアソン分布の例

台数	0	1	2	3	4	5	6	合計
$p(x)$	0.4449	0.3603	0.1459	0.0394	0.0080	0.0013	0.0002	1.0
観測100回の配分	44	36	15	4	1	0	0	100

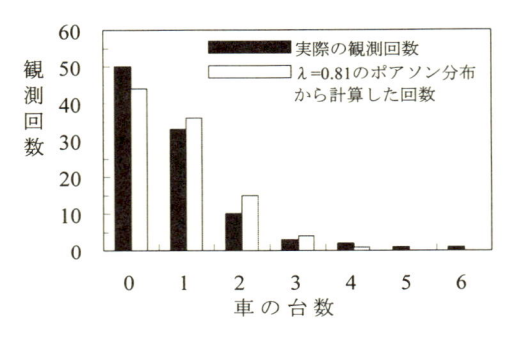

図5.5 実際の観測値とポアソン分布による計算値の比較

が得られ,

$$p(0) = e^{-\lambda}$$

が与えられると, つぎつぎと $p(x)$ の値を計算することができる.

このようにポアソン分布では $e^{-\lambda}$ の値が用いられるので巻末の付表Iにその数表があげてある.

例 5.5 例 5.4 の例では
$$p(0) = e^{-3} = 0.04979$$
であるから,

$$p(1) = \frac{3}{0+1} \cdot p(0) = 0.14936, \quad p(2) = \frac{3}{2} \cdot p(1) = 0.22404$$

$$p(3) = \frac{3}{3} \cdot p(2) = 0.22404, \quad p(4) = \frac{3}{4} \cdot p(3) = 0.16803$$

$$\cdots$$

と順次計算できる. □

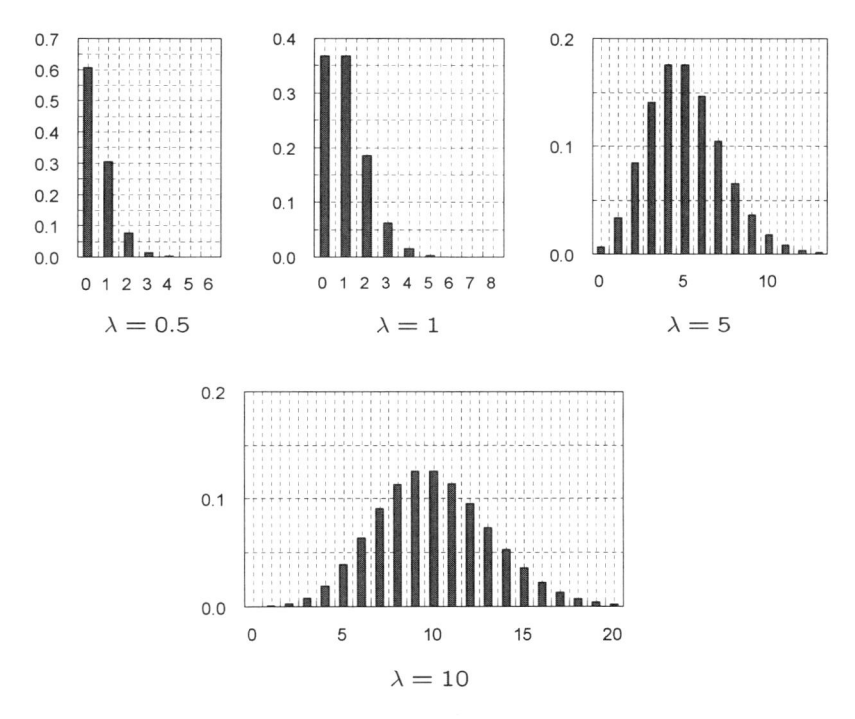

図 **5.6** $\lambda = 0.5, 1, 5, 10$ のポアソン分布

図 5.6 には $\lambda = 0.5, 1, 5, 10$ のときの 4 種類のポアソン分布のグラフがあげてある．ポアソン分布も λ の値が大きくなるにしたがって左右対称の確率分布になっていくことが読みとれる．

ポアソン分布はそれ自身，稀少現象を説明する確率分布モデルとして利用されるほか，

$$_nC_x p^x (1-p)^{n-x} \fallingdotseq \frac{(np)^x}{x!} \cdot e^{-np} \tag{5.21}$$

の関係から n が充分大きければ，2 項分布の代わりにポアソン分布を用いて近似するという場合にも利用される．実際 $n = 10$, $p = 0.2$, $\lambda = 2$ と $n = 100$, $p = 0.02$, $\lambda = 2$ について 2 項分布の確率 $p(x)$ とポアソン分布の確率 $q(x)$ を比較してみると表 5.5, 図 5.7 および表 5.6, 図 5.8 のようになり，n が大きくて p が小さければ 2 項分布はポアソン分布でかなり良く近似できることがわかる．

表5.5 $n=10$, $p=0.2$ の2項分布と $\lambda=2$ のポアソン分布

x	$p(x)$	$q(x)$
0	0.10737	0.13534
1	0.26844	0.27067
2	0.30199	0.27067
3	0.20133	0.18045
4	0.08808	0.09022
5	0.02642	0.03609
6	0.00551	0.01203
7	0.00079	0.00344
8	0.00007	0.00086
9	0.00000	0.00019
10	0.00000	0.00004
合計	1.00000	0.99999

表5.6 $n=100$, $p=0.02$ の2項分布と $\lambda=2$ のポアソン分布

x	$p(x)$	$q(x)$
0	0.13262	0.13534
1	0.27065	0.27067
2	0.27341	0.27067
3	0.18228	0.18045
4	0.09021	0.09022
5	0.03535	0.03609
6	0.01142	0.01203
7	0.00313	0.00344
8	0.00074	0.00086
9	0.00015	0.00019
10	0.00003	0.00004
11	0.00000	0.00001
合計	1.00000	1.00000

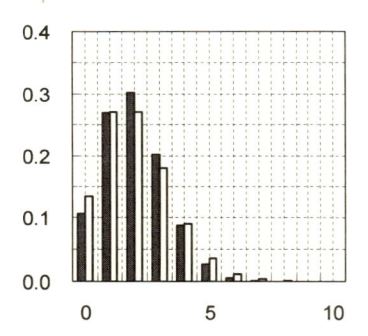

図5.7 $n=10$, $p=0.2$ の2項分布と $\lambda=2$ のポアソン分布

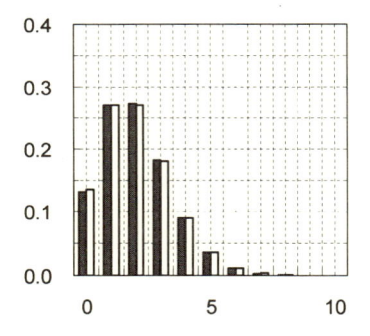

図5.8 $n=100$, $p=0.02$ の2項分布と $\lambda=2$ のポアソン分布

例 5.6 ある工場で生産される電球の不良率は2%であるという. 100個の電球を一箱の製品とするとき，製品一箱中の不良品が高々3個以下である確率を計算してみよう．

$n=100$, $p=0.02$ の2項分布として確率を計算すると，

$$\sum_{x=0}^{3} {}_{100}C_x (0.02)^x (0.98)^{100-x} = 0.859$$

であるが，手計算では煩雑である．

これを $\lambda = np = 2$ のポアソン分布として計算すると

$$\sum_{x=0}^{3} \frac{2x}{x!} \cdot e^{-2} = 0.135 + 0.271 + 0.271 + 0.180$$

$$= 0.857$$

となり，かなり近い値が得られる． □

5.3 一様分布

つぎのような確率密度関数 $f(x)$ をもつ連続型分布は，区間 (a,b) での**一様分布**（uniform distribution）または**矩形分布**（rectangular distribution）と呼ばれている．

$$f(x) = \begin{cases} \dfrac{1}{b-a} & (a < x < b) \\ 0 & （それ以外） \end{cases} \tag{5.22}$$

区間 (a,b) は $-\infty < a < b < \infty$ である任意の区間を考えることができるが，特に区間 $(0,1)$ の一様分布がコンピュータで各種の乱数を生成する際の基本乱数としてよく使われている．

分布関数 $F(x)$ は

$$F(x) = \int_{-\infty}^{x} f(t)dt$$

$$= \begin{cases} 0 & (x < a) \\ \dfrac{x-a}{b-a} & (a \leq x < b) \\ 1 & (b \leq x) \end{cases} \tag{5.23}$$

となる．$f(x)$ と $F(x)$ のグラフは図 5.9 のようになる．

一様分布の平均 μ と分散 σ^2 を計算すると，

$$\mu = E(X) = \int_{-\infty}^{\infty} x f(x) dx = \frac{a+b}{2}$$

$$\sigma^2 = E(X-\mu)^2 = \int_{-\infty}^{\infty} x^2 f(x) dx - \mu^2 = \frac{(b-a)^2}{12} \tag{5.24}$$

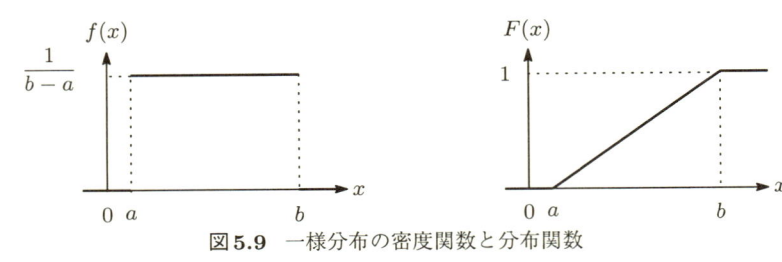

図5.9 一様分布の密度関数と分布関数

が得られる．

5.4 指数分布

5.2節でポアソン分布をあてはめられる現象として，バス停への一定時間内の客の到着数をあげたが，客一人一人の到着時間の間隔は連続型の確率分布をする．

単位時間内に x 人の客が到着する確率が (5.17) 式で与えられると，単位時間に平均 λ 人の到着がある．したがって δ 時間内には平均 $\lambda\delta$ 人の到着があり，その確率分布は

$$p(x) = \frac{(\lambda\delta)^x}{x!}e^{-\lambda\delta} \tag{5.25}$$

である．一方，客の到着間隔を T とすると，

$$Pr\{T > \delta\} = p(0) = e^{-\lambda\delta} \tag{5.26}$$

であり，T の分布関数は

$$F(\delta) = Pr\{T < \delta\} = 1 - e^{-\lambda\delta} \tag{5.27}$$

となる．したがってこの密度関数は

$$f(\delta) = \lambda e^{-\lambda\delta} \tag{5.28}$$

と得られる．すなわち，

$$f(x) = \begin{cases} \lambda e^{-\lambda x} & (x > 0) \\ 0 & (\text{それ以外}) \end{cases} \tag{5.29}$$

この分布を**指数分布**（exponential distribution）という．分布関数 $F(x)$ は

$$F(x) = \begin{cases} 0 & (x < 0) \\ 1 - e^{-\lambda x} & (x \geq 0) \end{cases} \tag{5.30}$$

となる．また $f(x)$ と $F(x)$ のグラフは図 5.10 のようになる．

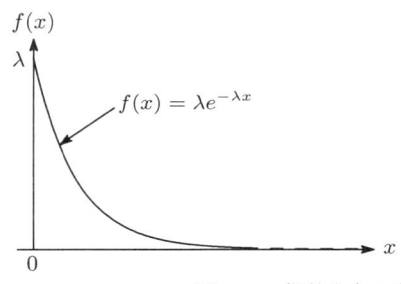

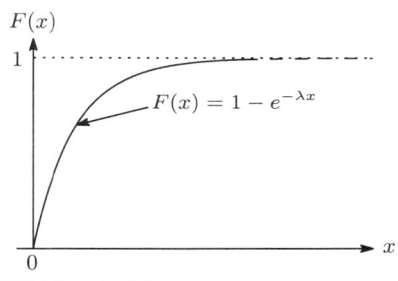

図 5.10 指数分布の密度関数と分布関数

指数分布の平均および分散は

$$\mu = \frac{1}{\lambda}, \qquad \sigma^2 = \frac{1}{\lambda^2}$$

と得られる．

例 5.7 あるバス停に 1 時間当たり平均 20 人の客がポアソン到着するとき，1 人の客が到着してからつぎの客が到着するまでの間隔が 5 分以上である確率を求めてみよう．1 時間当たり 20 人のポアソン到着であるから，平均到着間隔は $60/20 = 3$ 分である．したがって 1 分当たりの到着人数は 1/3 人となり，到着人数の分布は $\lambda = 1/3$ のポアソン分布である．これより導かれる到着間隔の指数分布は (5.29) 式より

$$f(x) = \frac{1}{3} e^{-\frac{1}{3}x}$$

で与えられ，間隔が 5 分以上となる確率は

$$\int_5^\infty f(x)dx = \int_5^\infty \frac{1}{3} e^{-\frac{1}{3}x} dx = e^{-\frac{5}{3}} = 0.189$$

と得られる． □

5.5　正規分布

第2章のデータ整理の中で，いろいろなヒストグラムを見てきたが，例えばある身長の母集団からの標本の数を次々と増やしていくと，ヒストグラムの階級の幅もどんどん狭くすることができ，例えば500人，10000人の標本データをヒストグラム化すると次のようなものが得られる．

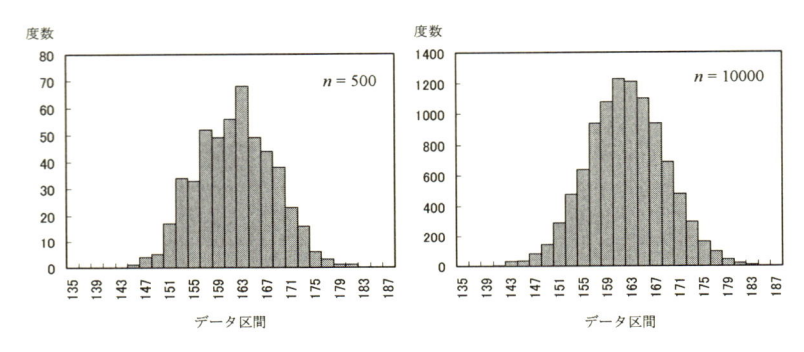

図5.11　$n = 500, 100000$ の身長のヒストグラムの例

このような分布を表すものとして，統計学の中で最も幅広く応用され，現実面でもよく現れる連続型分布に，つぎの確率密度関数で定義される**正規分布**（normal distribution）がある．

$$f(x) = \frac{1}{\sqrt{2\pi}\sigma} \exp\left\{-\frac{(x-\mu)^2}{2\sigma^2}\right\} \quad (\sigma > 0, \ -\infty < x < \infty) \quad (5.31)$$

正規分布は2個のパラメータ μ と σ^2 で特徴づけられるから，確率変数 X が正規分布に従っているということを，今後

$$X \sim N(\mu, \sigma^2)$$

と書くことにする．

正規分布はもともと観測値の誤差解析の研究の中から考えられた分布であるが，世の中のいろいろな現象の確率分布の多くが正規分布に近似的にあてはめられることや，つぎの章で考える標本分布の理論も正規分布なしには語れないことから，統計的推論における最も重要な分布となっている．(5.31)式については当然

$$\int_{-\infty}^{\infty} f(x)dx = 1$$

が成り立っている．

正規分布の平均や分散は，これまでの分布と違って求め方が複雑であるが，実際求めてみると

平均　$E(X) = \int_{-\infty}^{\infty} xf(x)dx = \mu$

分散　$E[X - E(X)]^2 = \int_{-\infty}^{\infty} x^2 f(x)dx - \{E(X)\}^2 = \sigma^2$

となり，分布のパラメータ μ と σ^2 がそのままこの分布の平均と分散になっている．したがって平均 μ，分散 σ^2 の正規分布を $X \sim N(\mu, \sigma^2)$ と書くと考えてもよい．

では μ や σ^2 が変わると，分布の形はどのように変わってくるのであろうか．図 5.12 は

(1) $\mu = 0$ 　　$\sigma^2 = 1^2$
(2) $\mu = 0$ 　　$\sigma^2 = 1.5^2$
(3) $\mu = 0$ 　　$\sigma^2 = 2^2$
(4) $\mu = 0.5$ 　$\sigma^2 = 1^2$
(5) $\mu = -0.5$ 　$\sigma^2 = 1.5^2$

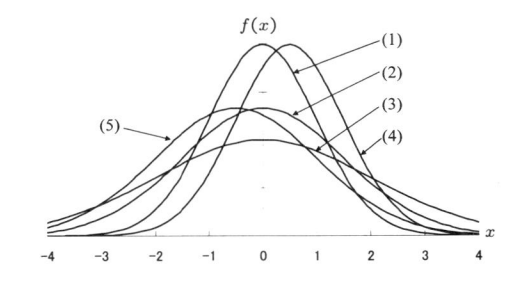

図 5.12 いろいろな形の正規分布曲線

の 5 つの正規分布を描いたものである．

正規分布は（5.31）式からわかるように，平均 μ を中心にしてきれいな左右対称の曲線であり，その形はつり鐘型（bell shaped）である．

5 つのグラフからわかることは，同じ平均でも分散 σ^2（すなわち標準偏差 σ）が小さければとがった曲線に，また分散が大きくなるほどすそ野の広がった曲線になるということである．同じ分散であれば (1) と (4) あるいは (2) と (5) のように x 軸方向左右に平行移動した曲線になるということもわかる．

$X \sim N(\mu, \sigma^2)$ のとき，分布関数 $F(X)$ は

$$F(x) = Pr\{X \leq x\} = \int_{-\infty}^{x} \frac{1}{\sqrt{2\pi}\sigma} \exp\left\{-\frac{(t-\mu)^2}{2\sigma^2}\right\} dt \tag{5.32}$$

で与えられるから，任意の x_1, x_2 $(x_1 < x_2)$ に対して

$$Pr\{x_1 < X < x_2\} = F(x_2) - F(x_1)$$
$$= \int_{x_2}^{x_1} \frac{1}{\sqrt{2\pi}\sigma} \exp\left\{-\frac{(t-\mu)^2}{2\sigma^2}\right\} dt \tag{5.33}$$

となる.しかしながらこの積分はわれわれの知っている初等関数の積分の知識では求めることができないし,平均 μ や分散 σ^2 が変わるたびに (5.33) 式を積分するのでは大変だから,つぎの標準正規分布の考えを導入しよう.

確率変数 Z が平均 $\mu = 0$,分散 $\sigma^2 = 1$ の正規分布に従うとき,すなわち $Z \sim (0, 1^2)$ のとき,分布の密度関数 $g(z)$ は (5.31) 式より

$$g(z) = \frac{1}{\sqrt{2\pi}} \exp\left(-\frac{z^2}{2}\right) \quad (-\infty < z < \infty) \tag{5.34}$$

で与えられる.このような正規分布を**標準正規分布**(standard normal distribution)という.

累積分布関数 $G(z)$ は

$$G(z) = Pr\{Z \leq z\} = \int_{-\infty}^{z} \frac{1}{\sqrt{2\pi}} \exp\left(-\frac{t^2}{2}\right) dt \tag{5.35}$$

で与えられる.$G(z)$ は図 5.13 で示してある部分の面積と考えることができる.しかし正規分布の対称性を用いれば図 5.14 の部分の面積は

$$\int_{-\infty}^{0} g(t)dt = 0.5$$

であるから (5.35) 式よりも

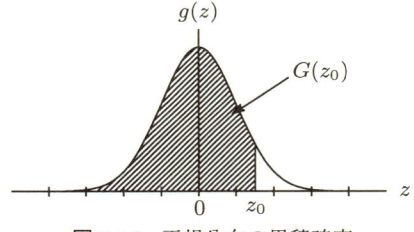

図 5.13 正規分布の累積確率

$$\varphi(z) = Pr\{0 < Z \leq z\}$$
$$= \int_{0}^{z} \frac{1}{\sqrt{2\pi}} \exp\left(-\frac{t^2}{2}\right) dt \tag{5.36}$$

を考えた方がよいだろう.$\varphi(z)$ は図 5.15 で示してある部分の面積である.

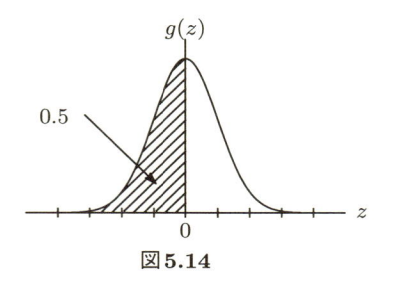

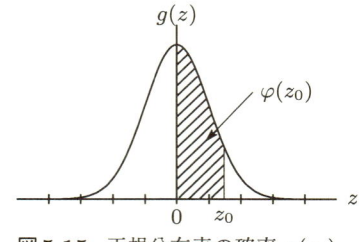

図 5.14

図 5.15 正規分布表の確率 $\varphi(z_0)$ が示す曲線上の意味

5.5 正規分布

では一般の正規分布と標準正規分布の間にはどのような関係があるだろうか．確率変数 X につぎのような変換

$$Z = \frac{X - \mu}{\sigma} \tag{5.37}$$

を施して新しい確率変数 Z を考えると，Z の分布が標準正規分布になる．すなわち数学的には

$$F(x) = Pr\{X < x\} = \int_{-\infty}^{x} f(t)dt = \int_{-\infty}^{z} g(t)dt = G(z) \tag{5.38}$$

となることが証明できる．したがって $X \sim N(\mu, \sigma^2)$ のときは，μ や σ^2 がどのようなものであっても (5.37) 式の変換をすることで $Z \sim N(0, 1^2)$ に帰着するのである．(5.37) 式の変換のことを確率変数の**標準化** (standardization) といい，確率分布を考えていくうえで重要な変換である．

正規分布の確率を考えるときは (5.33) 式より，

$$z_1 = \frac{x_1 - \mu}{\sigma}, \quad z_2 = \frac{x_2 - \mu}{\sigma}$$

とおくと，

$$\begin{aligned} Pr\{x_1 < X < x_2\} &= \int_{x_1}^{x_2} f(x)dx = \int_{z_1}^{z_2} g(z)dz \\ &= Pr\{z_1 < Z < z_2\} = G(z_2) - G(z_1) \end{aligned} \tag{5.39}$$

の関係が成り立つ．したがって (5.36) 式で与えられる積分の値がわかれば，どのような正規分布であってもその確率を求めることができる．

(5.36) 式の積分値を与える標準正規分布の数表は巻末の付表 II にあげてある．z の値は 0.01 きざみになっている．

例 5.8 $Pr\{0 < Z < 1.24\} = \varphi(1.24)$ の値は，表 5.7 のように数表をひいて

$$\varphi(1.24) = 0.39251$$

であることがわかる． □

表 5.7

z	0.00	0.01	...	0.04	...	0.09
0.0						
0.1						
⋮						
1.2				0.39251		
⋮						
3.4						

ではいろいろな場合の確率を考えてみよう．図 5.13, 図 5.14 および図 5.15 からわかるように, $z_0 > 0$ のとき

(1) $Pr\{Z < z_0\} = \int_{-\infty}^{0} g(z)dz + \int_{0}^{z_0} g(z)dz = 0.5 + \varphi(z_0)$

であり，同じく $z_0 > 0$ に対して

(2) $Pr\{-z_0 < Z < 0\} = \varphi(z_0)$ （図 5.16）
(3) $Pr\{z_0 < Z < \infty\} = 0.5 - \varphi(z_0)$ （図 5.17）
(4) $Pr\{-\infty < Z < -z_0\} = 0.5 - \varphi(z_0)$ （図 5.18）

である．また $z_1, z_2 > 0$ かつ $z_2 > z_1$ とすると

(5) $Pr\{z_1 < Z < z_2\} = \varphi(z_2) - \varphi(z_1)$ （図 5.19）
(6) $Pr\{-z_2 < Z < -z_1\} = \varphi(z_2) - \varphi(z_1)$ （図 5.20）
(7) $Pr\{-z_1 < Z < z_2\} = \varphi(z_1) + \varphi(z_2)$ （図 5.21）

となることも容易にわかる．

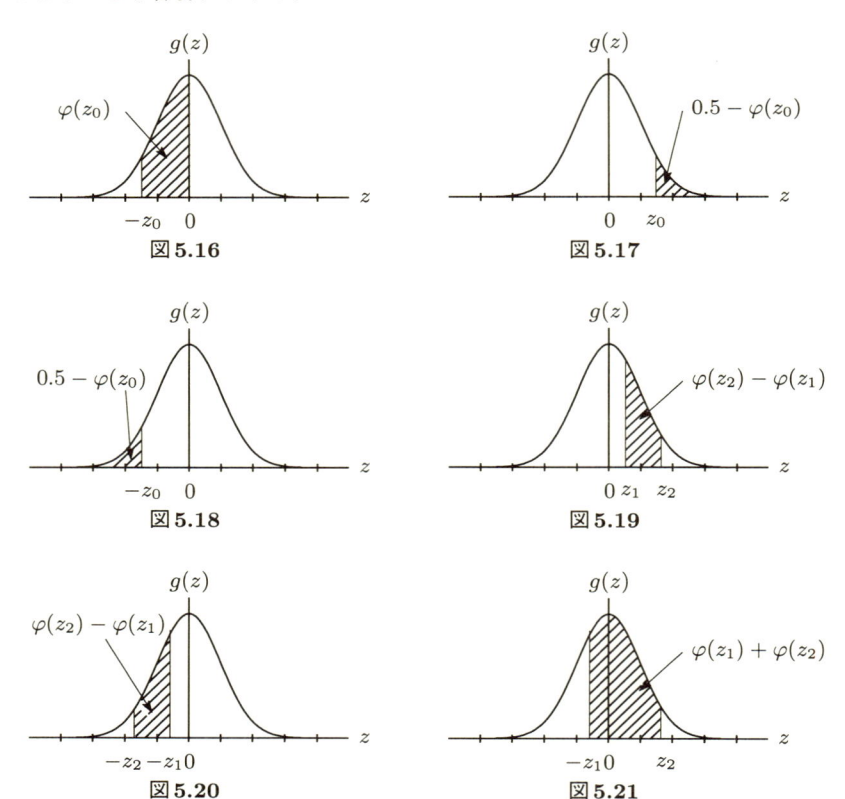

図 5.16

図 5.17

図 5.18

図 5.19

図 5.20

図 5.21

例 5.9 $Z \sim N(0, 1^2)$ のとき
$Pr\{Z < 2.00\} = 0.5 + \varphi(2.00) = 0.5 + 0.47725 = 0.97725$ ((1) より)
$Pr\{Z < -1.96\} = 0.5 - \varphi(1.96) = 0.5 - 0.47500 = 0.025$ ((4) より)
$Pr\{1.35 < Z < 2.55\} = \varphi(2.55) - \varphi(1.35) = 0.49461 - 0.41149$
$= 0.08312$ ((5) より)
$Pr\{-1.64 < Z < 2.33\} = \varphi(1.64) + \varphi(2.33) = 0.44950 + 0.49010$
$= 0.93960$ ((7) より) □

例 5.10 ある集団の統計学の試験の点数は平均 65 点, 標準偏差 10 点の正規分布に従っているとする. ある学生の点数を X とするとき, つぎの各確率を求めてみよう.

1) $Pr\{X > 90\}$ 2) $Pr\{50 < X < 60\}$
3) $Pr\{X < 45\}$ 4) $Pr\{50 < X < 75\}$

X を標準化して
$$Z = \frac{X - 65}{10}$$
とすると,

1) $Pr\{X > 90\} = Pr\left\{Z > \dfrac{90 - 65}{10}\right\} = Pr\{Z > 2.5\}$
$= 0.5 - \varphi(2.5) = 0.5 - 0.49379 = 0.00621$

2) $Pr\{50 < X < 60\} = Pr\left\{\dfrac{50 - 65}{10} < Z < \dfrac{60 - 65}{10}\right\}$
$= Pr\{-1.5 < Z < -0.5\}$
$= \varphi(1.5) - \varphi(0.5) = 0.43319 - 0.19146$
$= 0.24173$

3) $Pr\{X < 45\} = Pr\left\{Z < \dfrac{45 - 65}{10}\right\} = Pr\{Z < -2.0\}$
$= 0.5 - \varphi(2.0) = 0.5 - 0.47725 = 0.02275$

$$4)\ Pr\{50 < X < 75\} = Pr\left\{\frac{50-65}{10} < Z < \frac{75-65}{10}\right\}$$
$$= Pr\{-1.5 < Z < 1.0\}$$
$$= \varphi(1.5) + \varphi(1.0) = 0.43319 + 0.34134$$
$$= 0.77453 \qquad \square$$

さて，標準正規分布表から，つぎのことがそれぞれわかる．

$$\left.\begin{aligned}Pr\{-1 < Z < 1\} &= 2 \times Pr\{0 < Z < 1\} = 2\varphi(1.0)\\ &= 0.34134 \times 2 = 0.68268\\ Pr\{-2 < Z < 2\} &= 2\varphi(2.0) = 0.47725 \times 2 = 0.9545\\ Pr\{-3 < Z < 3\} &= 2\varphi(3.0) = 0.49865 \times 2 = 0.9973\end{aligned}\right\} \quad (5.40)$$

そこで (5.37) 式を (5.40) 式の Z に入れて X について表すとそれぞれ

$$\left.\begin{aligned}Pr\{\mu - \sigma < X < \mu + \sigma\} &= 0.68268\\ Pr\{\mu - 2\sigma < X < \mu + 2\sigma\} &= 0.9545\\ Pr\{\mu - 3\sigma < X < \mu + 3\sigma\} &= 0.9973\end{aligned}\right\} \quad (5.41)$$

が得られる．これらのことはどんな正規分布についてもいえることで，図 5.22 のように平均から左右に標準偏差だけとった範囲には全体の約 68%が，平均から左右に標準偏差の 2 倍だけとった範囲には約 95%が，さらに平均から左右に標準偏差の 3 倍とった範囲にはほとんどのものが入ってしまうということを示しており，正規分布の基本的な性質として理解しておくとよい．

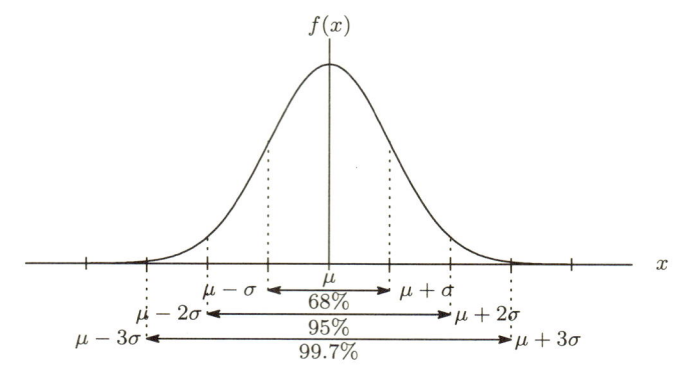

図 5.22 正規分布における平均と標準偏差の関係

(5.40) 式や (5.41) 式で述べた性質から, (5.37) 式の標準化の式を用いれば, 2 つの正規分布どうしを関連付けることができる.

いま, $X_1 \sim N(\mu_1, \sigma_1^2)$, $X_2 \sim N(\mu_2, \sigma_2^2)$ とし, これらをそれぞれ標準化すると $Z_1 = (X_1 - \mu_1)/\sigma_1$, $Z_2 = (X_2 - \mu_2)/\sigma_2$ とは同じ確率評価をすることができる.

> **例 5.11** 偏差値は平均 50, 標準偏差 10 の正規分布を仮定して作られている. いま, 平均 56 点の集団において, ある生徒の点数が 80 点で偏差値が 62 であった. この集団の点数の標準偏差 σ は何点だろうか.
>
> 点数 80 点が偏差値 62 であることから, それぞれを標準化して
>
> $$\frac{62 - 50}{10} = \frac{80 - 56}{\sigma}$$
>
> これより, $\sigma = 20$ が得られる. □

最後に正規分布表を逆の立場から使用することを考えてみる.

ある試験の点数が平均 μ, 分散 σ^2 の正規分布をしているとき, 上位 10% に A という評価をつけることとする. 何点以上が評価 A を受けることになるだろうか. この点数を x として標準化すると

$$z = \frac{x - \mu}{\sigma}$$

であり, 標準正規分布で $Pr\left\{Z = \dfrac{X - \mu}{\sigma} > z'\right\} = 0.10$ となる z' がわかれば, $x = \mu + \sigma z'$ と求めることができる.

この z' は図 5.17 で表される正規分布の確率評価のケースの逆にあたる. 数表の中で $0.5 - 0.10 = 0.40$ に近いものを探すと $z' = 1.28$ であるから, $x = \mu + 1.28\sigma$ 点以上が評価 A を受けることになる.

演 習 問 題

[問 5.1] $X \sim B(x; 4, 0.8)$ のとき, 確率関数 $p(x)$ の確率分布表を作り, そのグラフを描け. また平均, 分散はどうなるか.

[問 5.2] 確率変数 X が平均 $\lambda = 4$ のポアソン分布に従うとき，確率分布表を作り，そのグラフを描け．

[問 5.3] ある書物の 1 頁当たりの誤植は，平均 1/2 個のポアソン分布に従っているとする．このとき，1 頁に 3 個以上の誤植のある確率を求めよ．

[問 5.4] ある商品の不良品率は 0.015 である．いま 200 個からなる 1 ロット中，不良品が 3 個以下である確率を 2 項分布のポアソン近似を用いて求めよ．

[問 5.5] 1 枚の DVD の記録面において，単位面積あたりに 1 個の傷のある確率が 0.0001 のとき，30000 単位ある記録面に 5 個以上の傷がある確率はいくらか．ただし，単位面積あたりには 2 個以上の傷はないものとする．

[問 5.6] $Z \sim N(0, 1^2)$ のとき，つぎの確率を求めよ．
    (1) $Pr\{-1 < Z < 1\}$ (2) $Pr\{-\infty < Z < 1.64\}$
    (3) $Pr\{-2.33 < Z < 1.96\}$ (4) $Pr\{-2 < Z < \infty\}$

[問 5.7] $X \sim N(50, 10^2)$ のとき，つぎの各確率を求めよ．
    (1) $Pr\{50 < X < 65\}$ (2) $Pr\{45 < X < 50\}$
    (3) $Pr\{55 < X < 70\}$ (4) $Pr\{X > 67\}$
    (5) $Pr\{X < 38\}$ (6) $Pr\{44 < X < 53\}$

[問 5.8] あるクラスの試験の点数は，平均 65 点，標準偏差 12 点の正規分布をしているものとする．20% の学生が評価 A を与えられた．何点以上の学生が A の評価を受けたか．また 15% が評価 D であった．何点以下がこの評価を受けたことになるか．

[問 5.9] 偏差値は，平均 50，標準偏差 10 の正規分布を仮定して作られている．いま平均 60 点の集団のある生徒の点数が 80 点で，偏差値は 60 であった．この集団の点数の標準偏差は何点か．

[問 5.10] つぎの表は，ある生徒の 5 教科の得点と，クラスの平均点，標準偏差である．この生徒は，この試験ではどの科目が一番得意であるといえるか．ただし各科目とも正規分布を仮定する．

	英語	数学	国語	理科	社会
生徒の得点	80	70	72	75	85
クラスの平均	69	60	62	73	78
標準偏差	19.4	14.4	11.3	10.0	12.1

第6章 標本分布

6.1 標本平均の分布

1.1 節で母集団と標本の関係を考えた．標本は通常はその実現値として $x_1, x_2, \cdots, x_n$ がただ一組しか得られないが，もしそれが何組も繰り返し得られるとして，次のように得られたとする．

$$
\begin{array}{cccc}
X_1 & X_2 & & X_n \\
\hline
x_1, & x_2, & \cdots, & x_n \\
x'_1, & x'_2, & \cdots, & x'_n \\
x''_1, & x''_2, & \cdots, & x''_n \\
\cdot & \cdot & \cdots, & \cdot
\end{array}
\tag{6.1}
$$

このとき x_1 の列を X_1，x_2 の列を X_2，$\cdots$，x_n の列を X_n とすると，それぞれの X_i は標本が得られるたびに異なった値をとることになり，確率変数と考えることができる．もちろん X_i は標本の取られるもとの母集団の分布と同じ確率分布をすると考えればよい．

第 2 章では標本データからのいろいろな尺度も考えたが，たとえば標本平均をとると，これはやはり (6.1) の標本の中身が変われば当然異なった値をとることになり，確率変数の組 $(X_1, X_2, \cdots, X_n)$ の関数としての

$$
\bar{X} = \frac{1}{n}(X_1 + X_2 + \cdots + X_n) = \frac{1}{n}\sum_{i=1}^{n} X_i \tag{6.2}
$$

もやはり確率変数となる．

確率変数の組 $(X_1, X_2, \cdots, X_n)$ についてのある関数

$$T(X_1, X_2, \cdots, X_n)$$

を**統計量** (statistics) と呼ぶ．この統計量は 1 つの確率変数とみなすことができるから，ある確率分布をすることになる．

統計量としては標本平均 $\bar{X}$ のほかにもつぎの標本分散 S^2 も考えられる．

$$S^2 = \frac{1}{n} \sum_{i=1}^{n} (X_i - \bar{X})^2 \tag{6.3}$$

本章ではこれらの統計量が確率的にどのような分布をするかを考えてみよう．

(2.2) 式や (2.17) 式はあくまで標本データから求める標本平均（値）や標本分散（値）であるが，(6.2) 式や (6.3) 式の標本平均や標本分散は確率変数としてとらえているので，記号も小文字の英字から大文字に変えてあることを注意しておこう．

ではまず標本平均の分布から調べてみよう．

母集団の分布が

x	1	2	3	4	計
$p(x)$	0.25	0.25	0.25	0.25	1.0

で与えられるとき，この母集団から大きさ $n=5$ の標本を繰り返し 50 組抽出する実験をして表 6.1 のような結果が得られた．

まずもとの分布の平均 μ と分散 σ^2 を求めておくと

$$\mu = \sum_{x=1}^{4} xp(x) = 2.5$$

$$\sigma = \sum_{x=1}^{4} (x-\mu)^2 p(x) = 1.25$$

と計算できる．つぎに表 6.1 の標本平均の欄について平均と分散を計算すると

$$\bar{x} \text{ の平均} = \frac{1}{50} \sum_{i=1}^{50} \bar{x}_i = 2.576$$

$$\bar{x} \text{ の分散} = \frac{1}{50} \sum_{i=1}^{50} (\bar{x}_i - 2.576)^2$$

$$= 0.244$$

が得られる．$\bar{x}$ の平均は標本を抽出したもとの分布の平均 μ にほぼ近い値になっているようであるが，$\bar{x}$ の分散はもとの分散よりはかなり小さくなっている．

この結果はわずか 50 組の実験の結果にすぎないけれど，標本平均 $\bar{X}$ の平均や分散に関してはどのようなことがいえるであろうか．

証明は省略するが，まずつぎの 2 つの性質からあげておこう．

表 6.1 標本抽出の実験

	母平均		2.50									
	母分散		1.25									
標本	X_1	X_2	X_3	X_4	X_5	標本平均 $\bar{x}$	標本	X_1	X_2	X_3	X_4	X_5	標本平均 $\bar{x}$
(1)	2	3	2	2	3	2.4	(26)	2	2	4	4	3	3.0
(2)	1	2	1	3	2	1.8	(27)	2	1	2	2	2	1.8
(3)	2	2	2	1	4	2.2	(28)	4	3	2	4	4	3.4
(4)	3	3	3	3	3	3.0	(29)	1	4	3	1	3	2.4
(5)	3	3	4	3	1	2.8	(30)	2	4	1	1	2	2.0
(6)	2	3	3	2	3	2.6	(31)	1	1	2	4	1	1.8
(7)	4	2	3	3	3	3.0	(32)	1	3	4	3	2	2.6
(8)	1	3	2	1	4	2.2	(33)	1	4	3	1	2	2.2
(9)	3	2	2	1	4	2.4	(34)	1	4	4	2	2	2.6
(10)	3	4	4	4	4	3.8	(35)	2	4	3	4	2	3.0
(11)	1	1	2	4	3	2.2	(36)	3	1	3	4	1	2.4
(12)	2	2	1	3	4	2.4	(37)	3	4	4	2	2	3.0
(13)	4	3	2	1	1	2.2	(38)	2	2	3	1	1	1.8
(14)	4	4	3	3	4	3.6	(39)	3	2	1	1	3	2.0
(15)	2	3	2	4	3	2.8	(40)	4	1	4	4	1	2.8
(16)	4	2	3	3	4	3.2	(41)	1	2	2	1	4	2.0
(17)	1	4	2	1	2	2.0	(42)	4	1	2	3	3	2.6
(18)	1	3	2	2	2	2.0	(43)	3	3	4	1	2	2.6
(19)	1	2	3	2	4	2.4	(44)	1	3	3	2	2	2.2
(20)	2	4	3	4	2	3.0	(45)	4	4	3	4	1	3.2
(21)	3	1	4	3	1	2.4	(46)	3	4	1	2	3	2.6
(22)	4	3	2	2	3	2.8	(47)	2	3	3	2	3	2.6
(23)	4	2	4	4	1	3.0	(48)	4	1	2	3	3	2.6
(24)	3	3	4	4	4	3.6	(49)	1	4	4	4	1	2.8
(25)	2	4	3	2	4	3.0	(50)	2	1	2	3	2	2.0
							標本平均の平均						2.576
							標本平均の分散						0.244

性質 6.1 確率変数 $X_1, X_2, \cdots, X_n$ が互いに独立に平均 $\mu_1, \mu_2 \cdots, \mu_n$ および分散 $\sigma_1^2, \sigma_2^2, \cdots, \sigma_n^2$ をもつ確率分布をしているとき,すなわち $E(X_i) = \mu_i$, $Var(X_i) = \sigma_i^2$ のとき,それらの確率変数 X_i の一次結合

$$Y = \sum_{i=1}^{n} a_i X_i \qquad a_i \text{ は任意定数}$$

の平均 μ_Y と分散 σ_Y^2 はそれぞれ

$$\mu_Y = \sum_{i=1}^{n} a_i \mu_i, \qquad \sigma_Y^2 = \sum_{i=1}^{n} a_i^2 \sigma_i^2 \tag{6.4}$$

で与えられる. □

性質 6.2 平均 μ,分散 σ^2 の母集団からの n 個の標本にもとづく標本平均 $\bar{X}$ の確率分布の平均は μ であり,分散は σ^2/n である. □

性質 6.2 より標本平均 $\bar{X}$ の平均はその標本が抽出されたもとの分布の平均に一致し，分散はもとの分散の $1/n$ になるということがわかり，さきほどの実験の結果はこのことを裏づけてくれる．

標本平均の平均や分散については性質 6.2 ではっきりしたが，では確率分布の型はどうなるであろうか．

もとの母集団が正規母集団であれば，$\bar{X}$ の分布も正規分布をする．したがって性質 6.2 を併せて考えてつぎの性質をあげておく．

性質 6.3 母集団が平均 μ，分散 σ^2 の正規分布に従っているとき，この母集団から大きさ n の標本を抽出すると，その標本平均 $\bar{X}$ は平均 μ，分散 σ^2/n の正規分布に従う．すなわち $X \sim N(\mu,\sigma^2)$ のとき $\bar{X} \sim N(\mu,\sigma^2/n)$ である．したがって標準化を行うと，

$$Z = \frac{\bar{X}-\mu}{\sigma/\sqrt{n}} \sim N(0,1^2)$$

となる． □

ではもとの母集団が正規分布以外の場合はどうであろうか．つぎにこのことを見てみよう．

6.2 中心極限定理

正規母集団以外の母集団からの標本平均がどのような型の分布をするかについては**中心極限定理**と呼ばれている重要な定理がある．このことを調べるためにつぎのような実験をしてみよう．

確率分布が

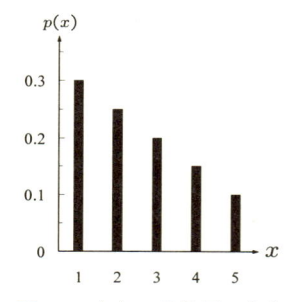

x	1	2	3	4	5	計
$p(x)$	0.3	0.25	0.2	0.15	0.1	1.0

図 6.1 もとの母集団の分布

で与えられる図 6.1 のような離散型母集団から大きさ n の標本を繰り返し l 組抽出し，l 個の標本平均の（標本）平均のヒストグラムを描いてみよう．

図 6.2 から図 6.5 は $n = 1, 5, 10, 20$ のとき，$l = 100$ 回のサンプリングでの標本平均 $\bar{x}$ の度数分布とヒストグラムである．

```
母平均     2.50
母分散     1.75         0.1      0.2      0.3
  階級    相対度数
~ -0.747    0.00
~ -0.025    0.00
~  0.696    0.00
~  1.418    0.29
~  2.139    0.27
~  2.861    0.00
~  3.582    0.18
~  4.304    0.18
~  5.025    0.08
~  5.747    0.00
~  6.469    0.00

標本平均の平均   2.49
標本平均の分散   1.670
```

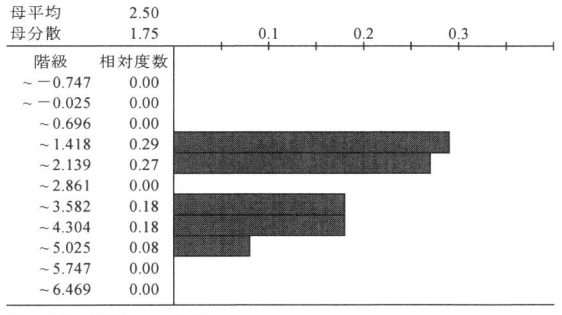

図 6.2 $n=1$ のときの標本平均の分布

```
母平均     2.50
母分散     1.75         0.1      0.2      0.3
  階級    相対度数
~  1.048    0.00
~  1.371    0.00
~  1.693    0.08
~  2.016    0.21
~  2.339    0.14
~  2.661    0.21
~  2.984    0.12
~  3.307    0.15
~  3.629    0.07
~  3.952    0.02
~  4.275    0.00

標本平均の平均   2.47
標本平均の分散   0.316
```

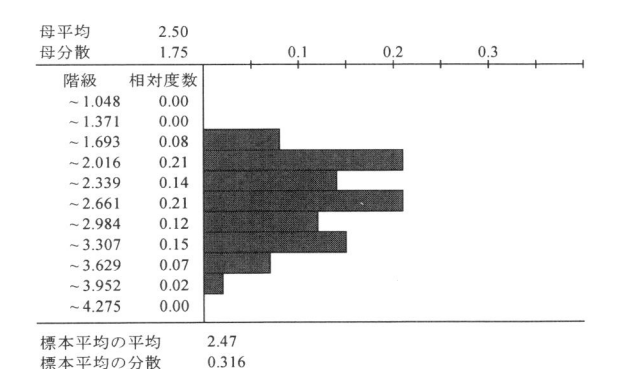

図 6.3 $n=5$ のときの標本平均の分布

```
母平均     2.50
母分散     1.75         0.1      0.2      0.3
  階級    相対度数
~  1.473    0.00
~  1.701    0.01
~  1.930    0.07
~  2.158    0.11
~  2.386    0.23
~  2.614    0.27
~  2.842    0.11
~  3.070    0.14
~  3.299    0.03
~  3.527    0.02
~  3.755    0.01

標本平均の平均   2.48
標本平均の分散   0.147
```

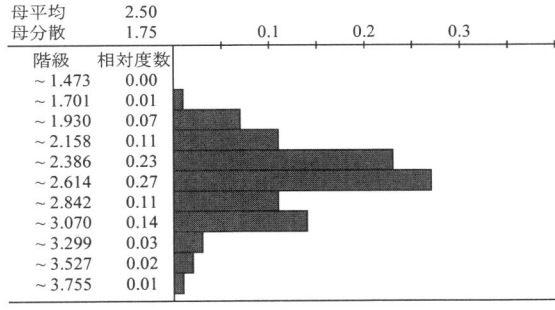

図 6.4 $n=10$ のときの標本平均の分布

| 母平均 | 2.50 |
| 母分散 | 1.75 |

階級	相対度数
～1.774	0.00
～1.935	0.02
～2.097	0.06
～2.258	0.11
～2.419	0.20
～2.581	0.23
～2.742	0.19
～2.903	0.16
～3.065	0.02
～3.226	0.01
～3.387	0.00

| 標本平均の平均 | 2.49 |
| 標本平均の分散 | 0.072 |

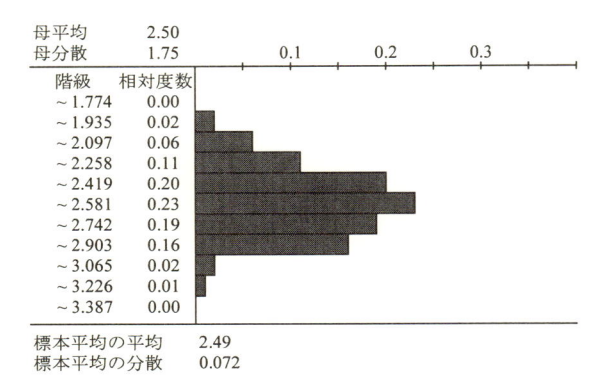

図 6.5　$n=20$ のときの標本平均の分布

図 6.2 の $n=1$ の場合は母集団から 100 個の標本をただ 1 度だけ抽出したことと同じであるから，この分布はもとの分布のグラフ図 6.1 と非常に似たものになっている．ところが標本数 n をふやしていくにしたがって標本平均のヒストグラムがしだいに正規分布のような左右対称に近い形になっていくことが図 6.3 から図 6.5 で読みとれる．もとの分布は対称性が全くないのにもかかわらず，$\bar{X}$ の分布がこのように正規分布に近くなっていく事実はつぎの定理ではっきり述べることができる．

定理 6.1 (中心極限定理, central limit theorem) 平均 μ，分散 σ^2 をもつ任意の母集団からの n 個の標本にもとづく標本平均 $\bar{X}$ は n が充分大きいとき（$n \to \infty$ のとき），平均 μ，分散 σ^2/n の正規分布に従う．　　□

この定理の数学的証明は本書の域からはずれるので省略するが，もとの分布が離散型であろうと連続型であろうと成り立つ．

$n \to \infty$ ということは現実には不可能であるから，経験的にみて n がある程度大きければ正規分布で近似できるということである．先ほどの実験では $n=20$ ぐらいで正規分布に近づいていることはわかったが，このことの確率的評価をしてみよう．

ここで，$\bar{X}$ を標準化して

$$Z = \frac{\bar{X} - \mu}{\sigma/\sqrt{n}} = \frac{\sum_{i=1}^{n} X_i - n\mu}{\sqrt{n}\sigma} \tag{6.5}$$

が，n が充分大きければ標準正規分布に近づくことから，

$$Pr\{Z < z\} \fallingdotseq \int_{-\infty}^{z} \frac{1}{\sqrt{2\pi}} e^{-\frac{t^2}{2}} dt = G(z) \tag{6.6}$$

として応用する．

図 6.5 でサンプリングの結果は

$$Pr\{2.419 < \bar{X} < 2.581\} \fallingdotseq 0.23$$

となっているが，中心極限定理からこの確率を理論的に求めると，$n = 20$, $\mu = 2.5$, $\sigma^2 = 1.75$ より $\sigma/\sqrt{n} = 0.2958$ であるから

$$Pr\left\{\frac{2.419 - 2.5}{0.2958} < Z < \frac{2.581 - 2.5}{0.2958}\right\} = Pr\{-0.27 < Z < 0.27\}$$
$$= 2 \times \varphi(0.27) = 2 \times 0.10642$$
$$= 0.21284$$

が得られ，実験からの結果 0.23 は確率的にも正規分布にかなり近い分布をしていることが理解できる．

例 6.1 $X_1, X_2, \cdots, X_{25}$ を区間 $(0, 1)$ 上の一様分布からの 25 個の標本とする．

このとき $E(X_i) = 1/2$, $Var(X_i) = 1/12$ であるから $Y = X_1 + X_2 + \cdots + X_{25}$ について中心極限定理を適用すると，

$$Pr\{Y \leq 10\} = Pr\left\{\frac{Y - 25 \times 1/2}{\sqrt{25/12}} \leq \frac{10 - 12.5}{\sqrt{25/12}}\right\}$$
$$= Pr\{Z \leq -1.73\} = 0.5 - \varphi(1.73) = 0.5 - 0.45818$$
$$= 0.04182$$

が得られる． □

6.3　2 項分布の正規近似

第 5 章で考えた 2 項分布は，1 回の試行である事象の起こる確率を p としたとき，n 回の試行の中でこの事象の起こる回数 X の分布として定義した．

いまこの事象が起これば $X_i = 1$, 起こらなければ $X_i = 0$ とすると，$Pr\{X_i = 1\} = p$, $Pr\{X_i = 0\} = 1 - p$ であるから，確率変数 X_i の平均と分散は

$$E(X_i) = 1 \cdot p + 0 \cdot (1-p) = p$$
$$Var(X_i) = E(X_i^2) - p^2 = 1^2 \cdot p + 0^2 \cdot (1-p) - p^2 = p(1-p)$$

となる.

このとき, 2項分布の確率変数 X は

$$X = X_1 + X_2 + \cdots + X_n \tag{6.7}$$

と表せることより, 性質 6.1 の期待値の線形性から

$$\left. \begin{array}{l} E(X) = \sum_{i=1}^{n} E(X_i) = np \\ Var(X) = \sum_{i=1}^{n} Var(X_i) = np(1-p) \end{array} \right\} \tag{6.8}$$

である.

したがって標本の割合である X/n については

$$\begin{array}{l} E\left(\dfrac{X}{n}\right) = \frac{1}{n} \cdot E(X) = p \\ Var\left(\dfrac{X}{n}\right) = \frac{1}{n^2} Var(X) = \frac{p(1-p)}{n} \end{array} \tag{6.9}$$

となる. (6.7) 式を考えると X/n は X_i についての標本平均ともいえるから, 中心極限定理を用いると, X の分布も, X/n の分布も試行回数 n が大きくなれば正規分布で近似することができる. すなわち

1) $X \sim B(x; n, p)$ のとき, 充分大きな n について

$$X \sim N(np, np(1-p))$$

で近似できる.

2) $X \sim B(x; n, p)$ のとき, 充分大きな n について

$$\frac{X}{n} \sim N\left(p, \frac{p(1-p)}{n}\right)$$

で近似できる.

2) の性質は, 次章以降の統計推測のところで用いられる.

1) については, すでに第 5 章のところでその形状をみてきたが, ここでは 2 項分布の確率を正規分布の確率で近似して求める問題を考えてみよう.

いま確率変数 X がパラメータ $n = 10$, $p = 1/4$ をもつ 2 項分布に従っているとすると, $Pr\{X = x\} = p(x)$, $x = 0, 1, 2 \cdots, 10$ の確率は表 6.2 のようになる[1].

---

[1] 表 6.2, 表 6.3 中の $p'(x)$ は, 半数補正を用いて正規分布を想定した場合に対応する確率である.

表 6.2　$n=10$, $p=0.25$ の 2 項分布の正規分布近似

	2 項分布		正規分布	
x	$p(x)$	$\sum p(x)$	$p'(x)$	$\sum p'(x)$
0	0.05631	0.05631	0.05783	0.05783
1	0.18771	0.24403	0.16054	0.21873
2	0.28157	0.52559	0.26740	0.48577
3	0.25028	0.77588	0.26740	0.75317
4	0.14600	0.92187	0.16054	0.91371
5	0.05840	0.98027	0.05783	0.97154
6	0.01622	0.99649	0.01249	0.98403
7	0.00309	0.99958	0.00161	0.98564
8	0.00039	0.99997	0.00012	0.98576
9	0.00003	1.00000	0.00001	0.98577
10	0.00000	1.00000	0.00000	0.98577

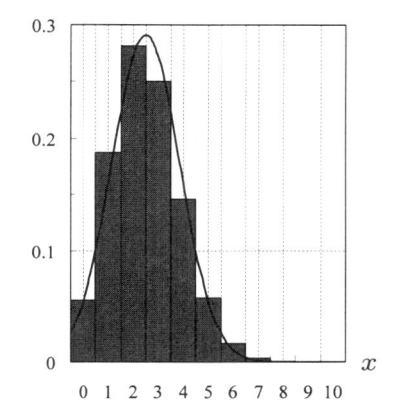

図 6.6　$n=10$, $p=0.25$ の 2 項分布の正規分布近似

またこの分布を幅 1 のヒストグラムとして描くと，図 6.6 のようになる．各 x でのヒストグラムの面積は底辺が 1 であるから，確率 $p(x)$ そのものに等しく，したがってすべての面積の和は 1 になる．このことは，いま各点でのグラフの頂点を線で結んだときにできる折れ線グラフと x 軸とで囲まれる面積がやはりほぼ 1 であり，しかも正規曲線に近いということであるから，この折れ線を平均 $np=10\times 0.25=2.5$，分散 $np(1-p)=2.5\times 0.75=1.875$ の正規分布の曲線と見なして，2 項分布の正規分布での近似を**半数補正**の方法を用いて行うのである．

> **例 6.2**　$X\sim B(x;10,0.25)$ のとき $Pr\{X=3\}$ を求めよう．
>
> 　2 項分布そのものの確率は表 6.2 より $p(3)=0.25028$ である．
>
> 　$x=3$ はヒストグラムでは $2.5\leq x\leq 3.5$ の範囲にあるから，正規分布でのこの範囲の確率は，標準化をして
>
> $$p'(3)=Pr\left\{\frac{2.5-2.5}{\sqrt{1.875}}<\frac{X-2.5}{\sqrt{1.875}}<\frac{3.5-2.5}{\sqrt{1.875}}\right\}$$
> $$=Pr\{0<Z<0.7303\}=0.26740$$
>
> と得られる．　　　□

同様にして $x=0$ から $x=10$ までのおのおのの x について正規分布で近似した確率 $p'(x)$ も表 6.2 に一緒にあげてある．また図 6.6 には平均 $\mu=2.5$,

分散 $\sigma^2 = 1.875$ の正規分布の曲線も一緒に描いてある.

この例では n の値がまだ小さいから, $p(x)$ と $p'(x)$ を比較すると近似としてはまだ充分とはいえないが, $n = 20$ のときの $p(x)$ と $p'(x)$ の確率は表 6.3 よりかなり近いものになっている. 例えば $Pr\{X = 8\} = p(8) = 0.06089$ であり, $p'(8) = 0.06300$ である. 図 6.7 は $X \sim B(x; 20, 0.25)$ の正規分布近似の様子を描いてある.

表 6.3　$n = 20$, $p = 0.25$ の 2 項分布の正規分布近似

	2 項分布		正規分布	
x	$p(x)$	$\sum p(x)$	$p'(x)$	$\sum p'(x)$
0	0.00317	0.00317	0.00781	0.00781
1	0.02114	0.02431	0.02528	0.03309
2	0.06695	0.09126	0.06300	0.09609
3	0.13390	0.22516	0.12094	0.21703
4	0.18969	0.41484	0.17884	0.39587
5	0.20233	0.61717	0.20375	0.59962
6	0.16861	0.78578	0.17884	0.77846
7	0.11241	0.89819	0.12094	0.89940
8	0.06089	0.95907	0.06300	0.96240
9	0.02706	0.98614	0.02528	0.98768
10	0.00992	0.99606	0.00781	0.99549
11	0.00301	0.99906	0.00186	0.99735
12	0.00075	0.99982	0.00034	0.99769
13	0.00015	0.99997	0.00005	0.99774
14	0.00003	1.00000	0.00001	0.99775
15	0.00000	1.00000	0.00000	0.99775

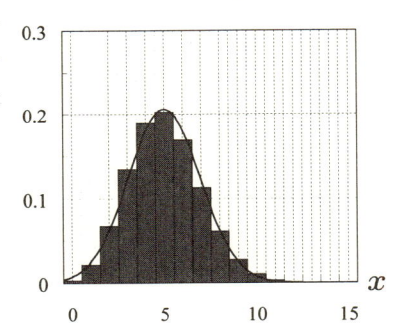

図 6.7　$n = 20$, $p = 0.25$ の 2 項分布の正規分布近似

つぎに, ある範囲の x についての確率について考えてみよう.

例 6.3　$X \sim B(x; 10, 0.25)$ のとき $Pr\{0 \leq X \leq 3\}$ を求めよう.

2 項分布での確率は表 6.2 より
$$Pr\{0 \leq X \leq 3\} = p(0) + p(1) + p(2) + p(3) = 0.77588$$
である.

正規分布の近似では $Pr\{X < 3.5\}$ を考えると, 例 6.2 の結果を用いると, 近似として
$$Pr\{Z < 0.7303\} = 0.5 + Pr\{0 < Z < 0.7303\} = 0.76740$$
が得られる.　□

例 6.4 $X \sim B(x; 20, 0.25)$ のとき $Pr\{4 \leq X \leq 6\}$ を求めよう．

2 項分布での確率は表 6.3 より
$$Pr\{4 \leq X \leq 6\} = \sum_{x=4}^{6} p(x)$$
$$= \sum_{x=0}^{6} p(x) - \sum_{x=0}^{3} p(x)$$
$$= 0.78578 - 0.22516 = 0.56062$$

である．一方，正規分布の近似では $Pr\{3.5 < X < 6.5\}$ を考えればいいが，近似する正規分布の平均および分散は $\mu = 20 \times 0.25 = 5$, $\sigma^2 = 5 \times 0.75 = 3.75$ であるから，標準化を行って
$$Pr\left\{\frac{3.5 - 5}{\sqrt{3.75}} < Z < \frac{6.5 - 5}{\sqrt{3.75}}\right\} = Pr\{-0.7746 < Z < 0.7746\}$$
$$= 0.56143$$

が得られる． □

2 項分布の正規分布による近似については，実用には $p < 1/2$ のとき $np > 5$, $p > 1/2$ のとき $n(1-p) > 5$ であれば近似が良いと考えられている．

例 5.6 では 2 項分布をポアソン分布で近似することを考えたが，上で考えた正規分布による近似も n が非常に大きいときの確率計算に大いに役立つ．最後にその例をあげておこう．

例 6.5 ある商品の販売促進ショーに 4000 通のダイレクトメールが出された．1 人の客がこのメールに応じる確率を 0.2 とするとき，応じる客が 750 人以上いる確率を求めてみよう．

ここでは $n = 4000$, $p = 0.2$ の 2 項分布を考えればいいから，2 項分布としてこの確率を求めるとすると，
$$p(x) = {}_{4000}C_x 0.2^x 0.8^{4000-x}$$
より
$$Pr\{X \geq 750\} = \sum_{x=750}^{4000} p(x) = 1 - \sum_{x=0}^{749} p(x)$$

を計算しなければならない．

これを正規分布で近似すると，平均 $\mu = np = 4000 \times 0.2 = 800$，分散 $\sigma^2 = np(1-p) = 4000 \times 0.2 \times 0.8 = 640$ （$\sigma = 8\sqrt{10}$）であるから，標準化して

$$Pr\{X \geq 750\} \fallingdotseq Pr\left\{Z > \frac{749.5 - 800}{8\sqrt{10}}\right\}$$
$$= Pr\{Z > -1.996\} = 0.977$$

が得られる． □

6.4 χ^2 分布

6.1 節，6.2 節では，標本平均 $\bar{X}$ に関わる標本分布についてみてきた．そこでは $X_i \sim N(\mu, \sigma^2)$ のとき $\bar{X} \sim N(\mu, \sigma^2/n)$ となること，また，もとの分布が正規分布でなくても，n が充分大きいときはやはり $\bar{X} \sim N(\mu, \sigma^2/n)$ となることなどを知った．

では，標本データの記述のところで，ばらつきの尺度として考えた標本分散

$$S^2 = \frac{1}{n}\sum_{i=1}^{n}(X_i - \bar{X})^2 \tag{6.10}$$

についてはどうであろうか．S^2 も統計量であり，確率分布をしているはずである．

ここで S^2 の確率分布を考える前に χ^2 分布について述べておこう．母集団確率分布が $X \sim N(\mu, \sigma^2)$ のとき，n 個の無作為標本 $X_1, X_2, \cdots, X_n$ は互いに独立であり，やはり $X_i \sim N(\mu, \sigma^2)$ となり，標準化した $Z_i = (X_i - \mu)/\sigma$ は $Z_i \sim N(0, 1^2)$ となることはすでに述べた．いま

$$Y_i = Z_i^2 = \left(\frac{X_i - \mu}{\sigma}\right)^2 \tag{6.11}$$

を考えたとき Y_i の分布は自由度 1 の **χ^2 分布**（chi-square distribution）と呼ばれている．またそれらの和

$$W = Z_1^2 + Z_2^2 + \cdots + Z_n^2$$
$$= \frac{1}{\sigma^2}\sum_{i=1}^{n}(X_i - \mu)^2 \tag{6.12}$$

の分布を**自由度**（degrees of freedom）n の χ^2 分布といい，

$$W \sim \chi_n^2$$

で表す．

この分布の確率密度関数は少々複雑であるが，

$$f(w) = \frac{1}{\Gamma(n/2)2^{n/2}} w^{\frac{n}{2}-1} e^{-\frac{w}{2}} \quad (0 < w < \infty, \ n = 1, 2, \cdots) \tag{6.13}$$

で与えられる．ここに $\Gamma(\cdot)$ は**ガンマ関数**であり，

$$\Gamma(x) = \int_0^\infty t^{x-1} e^{-t} dt \quad (t > 0)$$

で定義される．

χ^2 分布の平均と分散は

$$\left.\begin{array}{l} E(W) = n \\ Var(W) = 2n \end{array}\right\} \tag{6.14}$$

となる．すなわち平均は自由度に等しく，分散は自由度の 2 倍に等しい．

$n = 1, 2, 3, 5, 8$ の場合の χ^2 分布のグラフを図 6.8 にあげておく．

χ^2 分布については，つぎのような確率の問題を扱うことが多い．すなわち $0 < \alpha, \ \beta < 1$ に対して，図 6.9 に示すように

$$Pr\{W > \chi_n^2(\alpha)\} = \alpha \tag{6.15}$$

または

$$Pr\{W < \chi_n^2(\beta)\} = \beta \tag{6.16}$$

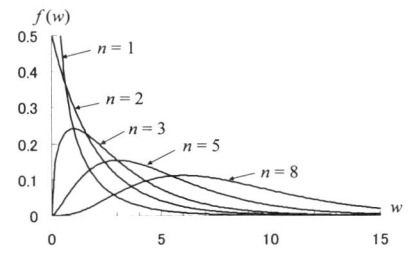

図 6.8 $n = 1, 2, 3, 5, 8$ の場合の χ^2 分布

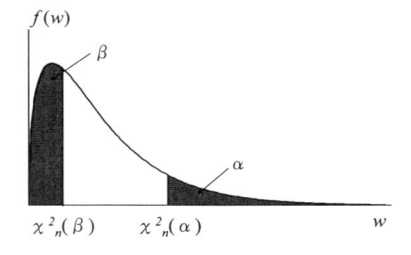

図 6.9 χ^2 分布で利用する確率

となる χ^2 はいくらかということである．しかし $W > 0$ であることを考えれば，(6.16) 式は

$$\beta = Pr\{W < \chi_n^2(\beta)\} = 1 - Pr\{W > \chi_n^2(1-\beta)\}$$
$$= 1 - \alpha', \qquad \text{ただし } \alpha' = 1 - \beta$$

と書くことができるから，(6.15) 式だけを考えておけばよい．(6.15) 式の $\chi_n^2(\alpha)$ の値を自由度 n の χ^2 分布の上側 100α パーセント点といい，いくつかの α についての自由度ごとのパーセント点の値は巻末の付表 III にあげてある．

では S^2 の分布に話を戻そう．

(6.12) 式で母平均 μ を標本平均 $\bar{X}$ で置き換えた

$$\frac{1}{\sigma^2} \sum_{i=1}^{n} (X_i - \bar{X})^2 \tag{6.17}$$

は自由度 $n-1$ の χ^2 分布に従うことが知られている．したがって (6.10) 式より

$$\frac{nS^2}{\sigma^2} = \frac{1}{\sigma^2} \sum_{i=1}^{n} (X_i - \bar{X})^2 \tag{6.18}$$

はやはり自由度 $n-1$ の χ^2 分布に従うことがわかる．

このように S^2 そのものの分布ではなく，(6.18) 式の形での χ^2 分布が統計的推測を行っていく中で用いられることになる．

6.5　t 分布

確率変数 Z が標準正規分布に従い，確率変数 W が自由度 n の χ^2 分布に従い，かつそれらが互いに独立であれば，統計量

$$T = \frac{Z}{\sqrt{W/n}} \tag{6.19}$$

の従う分布を自由度 n の **t 分布**という．

この名前の由来は今世紀の始めに W. S. Gosset が "Student" というペンネームで発表した論文の中ではじめて世に発表されたためであり，**スチューデントの t 分布**（Student's t-distribution）とも呼ばれている．

t 分布の確率密度関数は χ^2 分布と同様に複雑であるが，

$$f(t) = \frac{\Gamma\left(\dfrac{n+1}{2}\right)}{\sqrt{n\pi}\,\Gamma(n/2)} \left(1 + \frac{t^2}{n}\right)^{-\frac{n+1}{2}} \quad (-\infty < t < \infty) \tag{6.20}$$

で与えられる．確率分布の条件である

$$\int_{-\infty}^{\infty} f(t)dt = 1$$

は数学的に証明できる．また平均，分散については

$$\begin{aligned} E(T) &= 0 \\ Var(T) &= \frac{n}{n-2} \quad (n \geq 3) \end{aligned} \tag{6.21}$$

である．

今後は確率変数 T が自由度 n の t 分布に従うことを

$$T \sim t_n$$

と書くことにする．

t 分布のグラフも自由度 n によってその形は変わってくるが $n = 1, 3, 7$ の場合のグラフを図 6.10 にあげてある．

これらの図からわかるように，t 分布のグラフは $t = 0$ を中心にして左右対称になっており，標準正規分布のグラフと非常によく似ている．自由度 n が大きくなれば，t 分布はますます標準正規分布に近づき，$n \to \infty$ のとき完全に一致することを数学的に示すことができる．

t 分布についての確率は図 6.11 のように

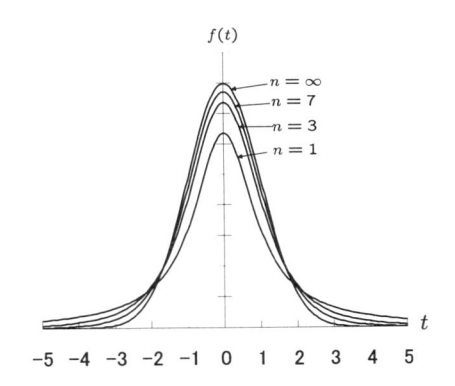

図 **6.10** $n = 1, 3, 7, \infty$ の t 分布

$$Pr\{T > t_n(\alpha)\} = \alpha, \quad t_n(\alpha) > 0 \tag{6.22}$$
$$Pr\{T < t'_n(\alpha)\} = \alpha, \quad t'_n(\alpha) < 0 \tag{6.23}$$

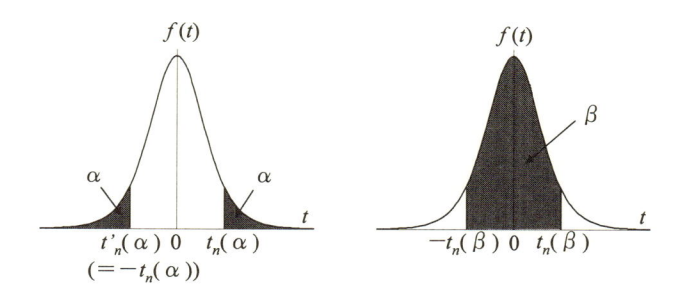

図 **6.11** t 分布で利用する確率

あるいは

$$Pr\{-t_n(\beta) < T < t_n(\beta)\} = \beta, \qquad t_n(\beta) > 0 \tag{6.24}$$

を考えることが多いが,分布の対称性より (6.22) 式を満足する α と $t_n(\alpha)$ の関係さえわかればいい.したがって自由度 n の t 分布の上側 100α パーセント点をいくつかの α について自由度ごとに巻末の付表 IV にあげてある.

この表から,先ほど述べた自由度 n の増大による標準正規分布への様子も読みとれるし,付表の一番下の欄の値は標準正規分布の数表から得られる値と全く一致している.

例 6.6 確率変数 T が $T \sim t_{10}$ のとき,

$$Pr\{T < a\} = 0.95$$

となる a は

$$Pr\{T > t_{10}(0.05)\} = 0.05$$

となる $t_{10}(0.05)$ と同じであり,付表から $a = 1.812$ が得られる.また

$$Pr\{T \leq b\} = 0.10$$

となる b は

$$Pr\{T > t_{10}(0.1)\} = 0.10$$

となる $t_{10}(0.1)$ と絶対値が同じであるから,$b = -1.372$ である. □

> **例 6.7** 確率変数 T が $T \sim t_{15}$ のとき,
>
> $$Pr\{|T| < c\} = 0.95$$
>
> となる c は, $(1 - 0.95)/2 = 0.025$ から
>
> $$Pr\{T > t_{15}(0.025)\} = 0.025$$
>
> となる $t_{15}(0.025)$ を付表よりひいて, $c = 2.131$ と得られる. □

さて, 正規母集団からの標本平均 $\bar{X}$ については

$$Z = \frac{\bar{X} - \mu}{\sigma/\sqrt{n}} \sim N(0, 1^2)$$

であり, 標本分散 S^2 については前節で述べたように

$$W = \frac{nS^2}{\sigma^2} \sim \chi^2_{n-1}$$

であった. したがって, t 分布が (6.19) 式の統計量 T の分布であることを考えると, 統計量

$$\begin{aligned}
T' &= \frac{\bar{X} - \mu}{\sigma/\sqrt{n}} \bigg/ \sqrt{\frac{nS^2}{\sigma^2} \bigg/ (n-1)} \\
&= \frac{\bar{X} - \mu}{S/\sqrt{n-1}}
\end{aligned} \tag{6.25}$$

もやはり自由度 $n - 1$ の t 分布をすることがわかる.

推測統計の中では分散 S^2 の代わりに, むしろ**不偏分散** (unbiased variance) と呼ばれている

$$U^2 = \frac{1}{n-1} \sum_{i=1}^{n} (X_i - \bar{X})^2 \tag{6.26}$$

が使われることが多いが, $nS^2 = (n-1)U^2$, すなわち $S^2/(n-1) = U^2/n$ の関係より

$$T' = \frac{\bar{X} - \mu}{U/\sqrt{n}} \sim t_{n-1} \tag{6.27}$$

を考えておいた方がよい．このことも推測統計の段階で大きな役割を演ずることになる．

演 習 問 題

[問 6.1] 小数第一位の数を整数の位に四捨五入するときの丸め誤差 X の分布を

$$f(x) = \begin{cases} 1, & \left(-\dfrac{1}{2} < x < \dfrac{1}{2}\right) \\ 0, & (\text{それ以外}) \end{cases}$$

のような一様分布と考えることにすると，10個の数の和の誤差 Y の分布の平均と分散はいくらになるか．

[問 6.2] 平均 0，分散 1^2 の正規分布に従う乱数（標準正規乱数）z をコンピュータ内で1個生成する最も簡単な方法として，12個の区間 $(0,1)$ での一様分布の乱数（一様乱数）u_i $(i = 1, 2, \cdots, 12)$ から，$z = \sum_{i=1}^{12} u_i - 6$ とする方法がある．このことの理由を考えよ．

[問 6.3] $X \sim N(64, 5^2)$ である母集団から，$n = 30$ の標本を抽出したとき，$\bar{X}$ の平均と分散を求めよ．また $|\bar{X} - 64| < 2$ となる確率も求めよ．

[問 6.4] $X \sim B\left(x; 10, \dfrac{1}{3}\right)$ のとき，確率 $Pr\{2 \leq X \leq 4\}$ を2項分布そのものからと，正規分布での近似と両方から計算し，それらを比較せよ．

[問 6.5] サイコロを200回振って，1の目が30回から40回出る確率を求めよ．

第7章 推定

7.1 母数の推定の考え方

第6章までで，統計的推測に必要な確率分布や標本分布についての準備ができたから，本章では母数の推定の問題を考えていくことにする．

われわれが統計的推測を行うのは母集団についてであり，母集団は2項分布や正規分布といったある確率分布をしている．2項分布なら p，正規分布なら μ, σ^2 などの母数（パラメータ）が決まれば，それらの分布を完全に決定することができ，また母集団の平均や分散もおのずと決まってくる．

ところでわれわれの手もとに得られるのは母集団全体のデータではなく，あくまで n 個の標本データがただ一組だけというのが一般的である．これらの標本から母数を推定するには2つの考え方がある．

1つは**点推定**（point estimation）であり，もう1つは**区間推定**（interval estimation）と呼ばれるものである．

まず点推定から考えてみよう．

7.2 点推定

例えばある母集団確率分布が未知の母数 θ をもっているとする．θ は未知でも，この母集団から n 個の標本 $(X_1, X_2, \cdots, X_n)$ を抽出することはできるから，ある1つの統計量 $\theta(X_1, X_2, \cdots, X_n)$ で θ を推定しようというのが点推定の考え方である．

> **例 7.1** 6.1節で行った，平均 2.5，分散 1.25 をもつ分布からの抽出実験で，もし母平均 2.5 が未知であると仮定して，標本平均 $\bar{X}$ を母平均 μ の推定とすると，通常は標本は一組しか得られないのだから，もし標本 (1) の組が得られたとすると，μ の点推定値は 2.4 となるであろうし，標本 (15) が得られたとすると，μ の点推定値は 2.8 となるであろう． □

θ を $\theta(X_1, X_2, \cdots, X_n)$ で推定するとき,

$$\hat{\theta} = \hat{\theta}(X_1, X_2, \cdots, X_n)$$

のように書き,統計量 $\hat{\theta}(X_1, X_2, \cdots, X_n)$ を θ の**推定量**(estimator)という.ここで $\hat{\theta}$ は "θ-hat" と読むことにしよう.また $(X_1, X_2, \cdots, X_n)$ の実現値が $(x_1, x_2, \cdots, x_n)$ と得られたとき,$\hat{\theta}(x_1, x_2, \cdots, x_n)$ を θ の1つの**推定値** (estimate) という.

上の例では母平均 μ の推定量として

$$\hat{\mu} = \frac{1}{n}\sum_i X_i = \bar{X}$$

を考え,その実現値として実際に得られたものが標本 (1) だとすると,$\hat{\mu} = 2.4$ が推定値になる.何回もいうようだが,標本は通常はあくまで1回だけしか取られないから,推定値は例 7.1 の場合だと 2.4 であったり 2.8 であったり,あるいは表 6.1 の標本 (50) のときは 2.0 になったりする.

このように推定量として選んだ統計量そのものは確率分布をしているのだから,どの実現値が得られるかは標本を抽出してみなければわからないことである.

では,どのような統計量を点推定量として選んだらいいだろうか.

いま θ の推定量として2つの統計量 $\hat{\theta}_1(X_1, X_2, \cdots, X_n)$ と $\hat{\theta}_2(X_1, X_2, \cdots, X_n)$ が考えられ,それらが図 7.1 のような確率分布をしているものとする.

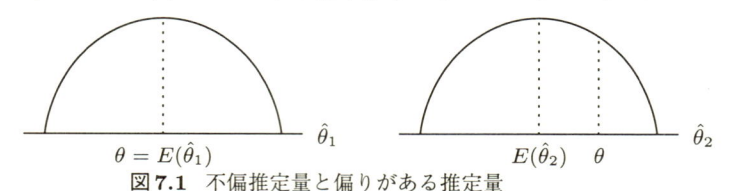

図 7.1 不偏推定量と偏りがある推定量

このとき,$\hat{\theta}$ の分布はできるだけ未知パラメータ θ の周辺で中心的に分布していて欲しいから,$\hat{\theta}_2$ より $\hat{\theta}_1$ の方がより好ましい推定量といえよう.いいかえると,推定量の平均がちょうど推定すべき θ に一致するような,すなわち

$$E(\hat{\theta}) = \theta \tag{7.1}$$

となる推定量である.

このような推定量を**不偏推定量** (unbiased estimator) という．図 7.1 では $E(\hat{\theta}_1) = \theta$ となっているから，$\hat{\theta}_1$ は θ の不偏推定量であるが，$E(\hat{\theta}_2) \neq \theta$ であり，$\hat{\theta}_2$ は不偏推定量ではない．$E(\hat{\theta}_2) - \theta < 0$ であるが，一般に

$$|E(\hat{\theta}) - \theta| = \text{bias} \neq 0$$

のことを推定量の**偏り** (bias) という．

(1) 平均，分散の点推定

不偏性 (unbiasedness) のある推定量としては，母平均の推定量として標本平均がある．性質 6.2 で標本平均 $\bar{X}$ の平均は μ であること，すなわち

$$E(\bar{X}) = \mu \tag{7.2}$$

であることを知った．したがって $\bar{X}$ は母平均 μ の不偏推定量になっている．では，分散についてはどうであろうか．

表 7.1 標本抽出実験の標本分散 s_x^2 と不偏分散 u_x^2

母分散　1.25

標本	X_1	X_2	X_3	X_4	X_5	標本分散 s_x^2	不偏分散 u_x^2	標本	X_1	X_2	X_3	X_4	X_5	標本分散 s_x^2	不偏分散 u_x^2
(1)	2	3	2	2	3	0.24	0.30	(26)	2	2	4	4	3	0.80	1.00
(2)	1	2	1	3	2	0.56	0.70	(27)	2	1	2	2	2	0.16	0.20
(3)	2	2	2	1	4	0.96	1.20	(28)	4	3	2	4	4	0.64	0.80
(4)	3	3	3	3	3	0.00	0.00	(29)	1	4	3	1	3	1.44	1.80
(5)	3	3	4	3	1	0.96	1.20	(30)	2	4	1	1	2	1.20	1.50
(6)	2	3	3	2	3	0.24	0.30	(31)	1	1	2	4	1	1.36	1.70
(7)	4	2	3	3	3	0.40	0.50	(32)	1	3	4	3	2	1.04	1.30
(8)	1	3	2	1	4	1.36	1.70	(33)	1	4	3	1	2	1.36	1.70
(9)	3	2	2	1	4	1.04	1.30	(34)	1	4	4	2	2	1.44	1.80
(10)	3	4	4	4	4	0.16	0.20	(35)	2	4	3	4	2	0.80	1.00
(11)	1	1	2	4	3	1.36	1.70	(36)	3	1	3	4	1	1.44	1.80
(12)	2	2	1	3	4	1.04	1.30	(37)	3	4	4	2	2	0.80	1.00
(13)	4	3	2	1	1	1.36	1.70	(38)	2	2	3	1	1	0.56	0.70
(14)	4	4	3	3	4	0.24	0.30	(39)	3	2	1	1	3	0.80	1.00
(15)	2	3	2	4	3	0.56	0.70	(40)	4	1	4	4	1	2.16	2.70
(16)	4	2	3	3	4	0.56	0.70	(41)	1	2	2	1	4	1.20	1.50
(17)	1	4	2	1	2	1.20	1.50	(42)	4	1	2	3	3	1.04	1.30
(18)	1	3	2	2	2	0.40	0.50	(43)	3	3	4	1	2	1.04	1.30
(19)	1	2	3	2	4	1.04	1.30	(44)	1	3	3	2	2	0.56	0.70
(20)	2	4	3	4	2	0.80	1.00	(45)	4	4	3	4	1	1.36	1.70
(21)	3	1	4	3	1	1.44	1.80	(46)	3	4	1	2	3	1.04	1.30
(22)	4	3	2	2	3	0.56	0.70	(47)	2	3	3	2	3	0.24	0.30
(23)	4	2	4	4	1	1.60	2.00	(48)	4	1	2	3	3	1.04	1.30
(24)	3	3	4	4	4	0.24	0.30	(49)	1	4	4	4	1	2.16	2.70
(25)	2	4	3	2	4	0.80	1.00	(50)	2	1	2	3	2	0.40	0.50

標本分散の平均　0.904
不偏分散の平均　　　　　1.130

図 7.2 s_x^2 のプロット

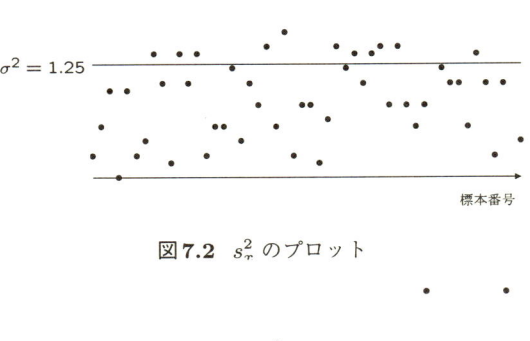

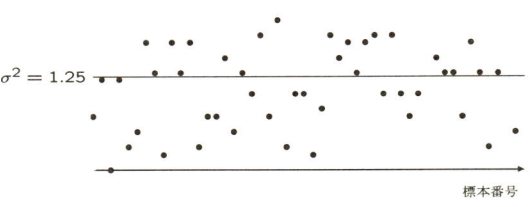

図 7.3 u_x^2 のプロット

表 7.1 は表 6.1 の例と同じ確率分布からの $n=5$ の標本 50 組の標本分散 s_x^2 と不偏分散 u_x^2 を計算したものである.もっとも s_x^2 と u_x^2 の間には (2.21) 式の関係があるから,その違いは u_x^2 が s_x^2 の $n/(n-1)$ 倍になっていることである.

標本分散の平均は 0.904 であり,不偏分散の平均は 1.130 になっている.これらの標本の取られたもとの分布の分散は 1.25 であったから,不偏分散の平均の方が標本分散の平均よりもとの分布の分散に近い.そこでこれらの 50 個のそれぞれの標本分散と不偏分散を,もとの分散 $\sigma^2 = 1.25$ の直線と併せてプロットしてみると図 7.2 と図 7.3 のようになる.この 2 つの図からわかることは s_x^2 より u_x^2 の方がもとの分散の周りに多く現れているということである.すなわち s_x^2 より u_x^2 の方が σ^2 に対して不偏性があることを示している.実際,(6.18) 式において $(X_1, X_2, \cdots, X_n)$ が正規母集団 $N(\mu, \sigma^2)$ からの標本のとき,nS^2/σ^2 は自由度 $n-1$ の χ^2 分布をすることを述べたが,この χ^2 分布の平均は $n-1$ であることより,

$$E\left(\frac{nS^2}{\sigma^2}\right) = E\left[\frac{(n-1)U^2}{\sigma^2}\right] = \frac{(n-1)}{\sigma^2} E\left[U^2\right] = n-1 \tag{7.3}$$

すなわち

$$E(U^2) = \sigma^2 \tag{7.4}$$

となり，不偏分散 U^2 が母分散 σ^2 の不偏推定になっていることを示している．
また S^2 については

$$E(S^2) = \frac{n-1}{n}\sigma^2 \tag{7.5}$$

であり，偏りのある推定量である．

これらのことは正規分布以外の確率分布からの不偏分散についてもいえることで，われわれが U^2 を不偏分散と呼ぶ理由は（7.4）式の不偏性があるからである．

（2）母集団比率の点推定

2項母集団の比率 p については

$$E(X) = np$$

であったから

$$E\left(\frac{X}{n}\right) = \frac{1}{n} \times np = p$$

となり，標本比率 X/n が p の不偏推定量になっている．

このように好ましい推定量の条件として不偏性があることがわかったが，これだけで果して充分であろうか．

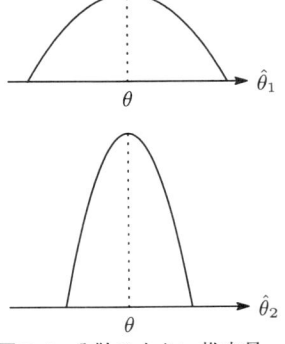

図 **7.4** 分散の小さい推定量

θ の推定量として $\hat{\theta}_1$ と $\hat{\theta}_2$ があり，図 7.4 のような分布をしているとする．このとき $\hat{\theta}_1$ も $\hat{\theta}_2$ も両方ともいま述べた不偏性の条件は満たしている．しかし $\hat{\theta}_1$ は θ の周りに幅広く分布しているのに対し，$\hat{\theta}_2$ は θ の周りに集中して分布している．すなわち

$$Var(\hat{\theta}_1) > Var(\hat{\theta}_2)$$

となっているが，θ の推定量ということであれば $\hat{\theta}_2$ の方が好ましいにきまっている．分散のなるべく小さい推定量，最小の分散をもつ推定量があれば，わ

れわれはこちらを採用したい．不偏性もあり，分散も最小の推定量のことを**最良**（best）**な推定量**という．

最小分散の推定量は**クラーメル・ラオ**（Cramér-Rao）**の不等式**と呼ばれるものでみつけることができるし，このほかにも点推定量の好ましい条件はいくつか考えられているが，ここではこれ以上ふれないことにする．

7.3　区間推定

つぎは区間推定について考えよう．この推定法は，標本から得られる 2 つの統計量 $\theta_1(X_1, X_2, \cdots, X_n)$ と $\theta_2(X_1, X_2, \cdots, X_n)$ を用いて

$$Pr\{\theta_1 < \theta < \theta_2\} = \alpha \tag{7.6}$$

という確率評価で θ の範囲を推定するのである．確率 α は通常 0.90, 0.95, 0.99 などが用いられる．この確率を**信頼係数**（confidence coefficient）といい，区間 $[\theta_1, \theta_2]$ のことを **$100\alpha\%$ 信頼区間**（confidence interval）という．

信頼限界（confidence limits）と呼ばれている区間の限界 θ_1 や θ_2 は標本からの統計量であり確率変動をするから，区間 $[\theta_1, \theta_2]$ は標本をとってくるたびに違った区間になる．しかし実際には 1 回の標本抽出しか行われないから，(7.6) 式の意味するところは，その 1 回だけで作られる区間が未知のパラメータ θ を含んでいる確率が α であるということである．

信頼区間の作り方は，まず θ がその中に含まれるある統計量

$$T(\theta; X_1, X_2, \cdots, X_n)$$

に対し

$$Pr\{c_1 < T < c_2\} = \alpha$$

となる c_1, c_2 を定め，これを変形して

$$Pr\{\theta_1 < \theta < \theta_2\} = \alpha$$

の形にもってくるのであるが，実際の信頼区間の求め方について以下で詳しく考えることにしよう．

7.4　母平均の区間推定

(7.6) 式のような信頼区間 $[\theta_1, \theta_2]$ を構成する方法を正規母集団の平均の場合から考えてみる．

7.4 母平均の区間推定

(1) 正規母集団の μ の区間推定（σ^2 が既知のとき）

平均 μ, 分散 σ^2 の正規母集団 $N(\mu, \sigma^2)$ で，σ^2 は既知であるが μ は未知として，μ の区間推定を考えよう．この母集団から大きさ n の標本を抽出すると，標本平均 $\bar{X}$ は計算できる．このとき $\bar{X}$ の標本分布は $\bar{X} \sim N(\mu, \sigma^2/n)$ であったから，確率評価式

$$Pr\left\{-z' < \frac{\bar{X} - \mu}{\sigma/\sqrt{n}} < z'\right\} = \alpha \tag{7.7}$$

で α を決めれば，図 5.15 の逆の考え方によって，p.81 で述べたことと同じようにして z' を求めることができる．(7.7) 式は $z' = z_{\alpha/2}$ とおいて

$$Pr\{0 < Z < z_{\alpha/2}\} = \frac{\alpha}{2} \tag{7.8}$$

と同じであるから，正規分布表より $\varphi(z_{\alpha/2}) = \alpha/2$ となる $z_{\alpha/2}$ を探せばよい．

おのおのの信頼係数について $z_{\alpha/2}$ を求めると，表 7.2 のようになる．

$\alpha = 0.95$ のときは数表にちょうど 0.475 となるところがあるから $z_{\alpha/2} = 1.96$ が得られるが，あとの 2 つについては数表上にちょうど値が一致するものがない．したがってこのときは近い値の方を使って $z_{\alpha/2}$ を決めればよい．

表 7.2 α と z の関数

α	$\alpha/2$	$z_{\alpha/2}$
0.99	0.495	2.58
0.95	0.475	1.96
0.90	0.450	1.64

$z_{\alpha/2}$ の値が決まれば (7.7) 式を変形することによって

$$Pr\left\{\bar{X} - z_{\alpha/2}\frac{\sigma}{\sqrt{n}} < \mu < \bar{X} + z_{\alpha/2}\frac{\sigma}{\sqrt{n}}\right\} = \alpha \tag{7.9}$$

となるから，

μ に対する $100\alpha\%$ 信頼区間は

$$\left[\bar{X} - z_{\alpha/2}\frac{\sigma}{\sqrt{n}}, \quad \bar{X} + z_{\alpha/2}\frac{\sigma}{\sqrt{n}}\right] \tag{7.10}$$

と得られる．ここで使われている統計量は標本平均 $\bar{X}$ である．

信頼区間の表記法としては (7.10) 式のほかに

$$\bar{X} \pm z_{\alpha/2} \frac{\sigma}{\sqrt{n}} \tag{7.11}$$

と書くこともある．

> **例 7.2** 平均 μ，分散 $\sigma^2 = 10^2$ の正規母集団から $n = 25$ の標本を抽出して，標本平均の実現値 $\bar{x} = 60$ が得られたとき，μ の 90% 信頼区間を求めると，$\alpha = 0.90$ であるから表 7.2 より $z_{\alpha/2} = z_{0.45} = 1.64$ となり，(7.10) 式の実現値として
>
> $$\left[\bar{x} - 1.64 \cdot \frac{\sigma}{\sqrt{n}},\ \bar{x} + 1.64 \cdot \frac{\sigma}{\sqrt{n}}\right] = \left[60 - 1.64 \cdot \frac{10}{5},\ 60 + 1.64 \cdot \frac{10}{5}\right]$$
> $$= [60 - 3.28,\ 60 + 3.28]$$
> $$= [56.72,\ 63.28]$$
>
> が得られる．また (7.11) 式の表記法だと
>
> $$60 \pm 3.28$$
>
> になる．　□

ここで信頼区間の意味を考えてみることにしよう．実験として，平均 $\mu = 50$，分散 $\sigma^2 = 10^2$ の正規母集団から $n = 5$ の標本を 50 組抽出して，それぞれ 95% の信頼区間を作ってみる．標本平均 $\bar{x}_i$ ($i = 1, 2, \cdots, 50$) を計算し，さらに信頼区間

$$CI_i = \left[\bar{x}_i - 1.96 \cdot \frac{10}{\sqrt{5}},\ \bar{x}_i + 1.96 \cdot \frac{10}{\sqrt{5}}\right] \quad (i = 1, 2, \cdots, 50)$$

を求める．このときの $\bar{x}_i$ の系列および CI_i の系列それぞれ 50 組分を図示したのが図 7.5 と図 7.6 である．

図 7.5 では母平均 μ の直線と一緒に

$$Pr\left\{\mu - k\frac{\sigma}{\sqrt{n}} < \bar{X} < \mu + k\frac{\sigma}{\sqrt{n}}\right\} = \beta$$

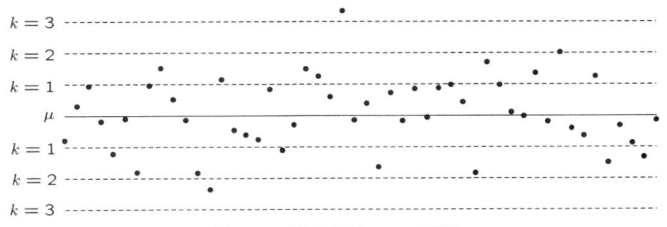

図 7.5 標本平均 $\bar{x}$ の系列

区間が μ を含んでいる割合 — 50個中48個（96.00%）

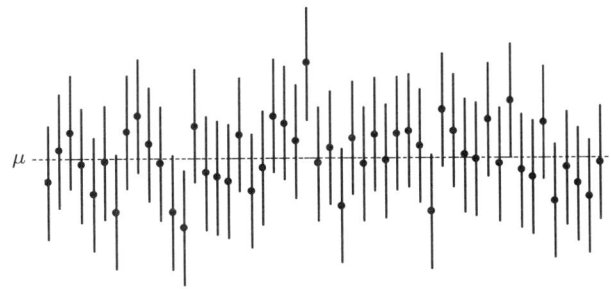

図 7.6 95%信頼区間 CI_i の系列

で，$k = 1, 2, 3$ のときの $\mu \pm k \cdot \sigma/\sqrt{n}$ にも点線が入れてある．$k = 2$ のとき $\beta = 0.9545$ であったから，μ の点推定値としての標本平均 $\bar{x}$ は，ほとんどがこの $k = 2$ の線の範囲内に入っていることがわかる．

図 7.6 には 50 組の信頼区間がそれぞれ縦棒で示してあるが，おのおのの信頼区間が母平均 μ の線にかかっているもの，すなわち区間が μ を含んでいる組が 50 組中 48 組あり，その割合は 0.96 になっている．このことは，もし標本の組をさらに 100 組 200 組，… と増やしていけば，極限ではその割合が 0.95 になるという (7.9) 式の意味づけになっている．

以上をまとめると，

$$\text{母平均 } \mu \text{ に対する} \begin{cases} 90\%\text{信頼区間は} & \left[\bar{x} - 1.64\dfrac{\sigma}{\sqrt{n}},\ \bar{x} + 1.64\dfrac{\sigma}{\sqrt{n}}\right] \\ 95\%\text{信頼区間は} & \left[\bar{x} - 1.96\dfrac{\sigma}{\sqrt{n}},\ \bar{x} + 1.96\dfrac{\sigma}{\sqrt{n}}\right] \\ 99\%\text{信頼区間は} & \left[\bar{x} - 2.58\dfrac{\sigma}{\sqrt{n}},\ \bar{x} + 2.58\dfrac{\sigma}{\sqrt{n}}\right] \end{cases} \quad (7.12)$$

で構成できる．

(2) 正規母集団の μ の区間推定（σ^2 が未知のとき）

母平均 μ が未知のとき，σ^2 が既知ということは実際にはあまり考えられない．では，σ^2 も未知のときの μ の推定はどうしたらいいのだろうか．このときは (7.7) 式の確率評価式の中の σ の値が使えないから，σ をその点推定としての不偏分散 U^2 で置き換えてみる．そうすると，(6.27) 式より t 分布を用いて，

$$Pr\left\{-t'_\alpha < \frac{\bar{X}-\mu}{U/\sqrt{n}} < t'_\alpha\right\} = \alpha \tag{7.13}$$

なる確率評価式が得られるから，あとの展開は (1) と全く同じように行えばよい．すなわち μ の信頼区間の評価式が

$$Pr\left\{\bar{X} - t'_\alpha \frac{U}{\sqrt{n}} < \mu < \bar{X} + t'_\alpha \frac{U}{\sqrt{n}}\right\} = \alpha \tag{7.14}$$

となるから，

μ に対する $100\alpha\%$ 信頼区間は

$$\left[\bar{X} - t'_\alpha \frac{U}{\sqrt{n}},\ \bar{X} + t'_\alpha \frac{U}{\sqrt{n}}\right] \tag{7.15}$$

と得られる．ただし α と t'_α の関係は t 分布が自由度に影響されることより表 7.2 のように一意的な表を作れないから，そのつど t 分布の表をひかなければならない．付表IVの t 分布の表は上側 $100\alpha\%$ 点として与えてあるから，(7.13) 式だと，$t'_\alpha = t_{n-1}\left(\dfrac{1-\alpha}{2}\right)$ をひかなければいけない．$\alpha = 0.90$ であれば $t_{n-1}(0.05)$ を，$\alpha = 0.95$ であれば $t_{n-1}(0.025)$ を，$\alpha = 0.99$ であれば $t_{n-1}(0.005)$ の欄を数表からひくことになる．

例 7.3 平均 μ も分散 σ^2 も未知の正規母集団から $n=16$ の標本を抽出して，標本平均 $\bar{x}=40$，不偏分散 $u_x^2=25$ が得られたとき，母平均 μ の 95% 信頼区間を求めよう．

$\alpha=0.95$ であるから自由度 $16-1=15$ の上側 2.5% 点は数表より $t_{15}(0.025) = 2.131$ となり，(7.15) 式の実現値として，μ の 95% 信頼区

間は
$$\left[\bar{x} - 2.131 \frac{u_x}{\sqrt{n}}, \ \bar{x} + 2.131 \frac{u_x}{\sqrt{n}}\right] = \left[40 - 2.131 \cdot \frac{5}{4}, \ 40 + 2.131 \cdot \frac{5}{4}\right]$$
$$= [40 - 2.66, \ 40 + 2.66]$$
$$= [37.34, \ 42.66] \qquad \square$$

(3) 一般の母集団の母平均 μ の区間推定（σ^2 が既知のとき）

(1) および (2) では正規母集団の母平均の推定を扱ったが，もとの母集団が正規母集団かどうかわからない場合はどうであろうか．

抽出する標本の数が大きければ，定理 6.1 で述べた中心極限定理を用いて，(1) の場合と同様に μ の区間推定を行うことができる．ただし標本数はあくまである程度大きくなければ標本平均 $\bar{X}$ の分布が正規分布に従うことがいえないから，(7.7) 式の確率評価式を用いることができない．

例 7.4 平均 μ（未知），分散 10^2 をもつ正規分布かどうかわからないある母集団から，36 個の標本を抽出して，標本平均 $\bar{x} = 50$ が得られたとき，母平均 μ の 95%信頼区間を求めてみよう．

$n = 36$ をある程度大きい標本数と考えれば，(7.10) 式が使えるから，$\alpha = 0.95$ で $z_{\alpha/2} = z_{0.025} = 1.96$ として μ の 95%信頼区間は
$$\left[\bar{x} - 1.96 \cdot \frac{\sigma}{\sqrt{n}}, \ \bar{x} + 1.96 \cdot \frac{\sigma}{\sqrt{n}}\right] = \left[50 - 1.96 \cdot \frac{10}{6}, \ 50 + 1.96 \cdot \frac{10}{6}\right]$$
$$= [50 - 3.27, \ 50 + 3.27]$$
$$= [46.73, \ 53.27] \qquad \square$$

7.5 母集団比率の区間推定

この節では，2 項母集団の比率（割合）p の区間推定の問題を考える．

p の点推定としては標本比率 $\hat{p} = X/n$ が用いられることはすでにふれたが，信頼区間はどのようにして構成できるだろうか．

標本数 n が十分大であれば，2項分布は正規分布で近似できるから，

$$\frac{X-np}{\sqrt{np(1-p)}} = \frac{\dfrac{X}{n}-p}{\sqrt{p(1-p)/n}}$$

は標準正規分布に従う．したがって確率評価式

$$Pr\left\{-z_{\alpha/2} < \frac{\dfrac{X}{n}-p}{\sqrt{p(1-p)/n}} < z_{\alpha/2}\right\} \fallingdotseq \alpha \tag{7.16}$$

が得られる．

母平均 μ の場合の信頼区間の構成の仕方と同じ過程から，$X/n = \hat{p}$ とおき，さらに（7.16）式の分母の p もその点推定 $\hat{p} = X/n$ で置き換えると

$$Pr\left\{\hat{p} - z_{\alpha/2}\sqrt{\frac{\hat{p}(1-\hat{p})}{n}} < p < \hat{p} + z_{\alpha/2}\sqrt{\frac{\hat{p}(1-\hat{p})}{n}}\right\} \fallingdotseq \alpha \tag{7.17}$$

となり，

---

p に対する $100\alpha\%$ 信頼区間

$$\left[\hat{p} - z_{\alpha/2}\sqrt{\frac{\hat{p}(1-\hat{p})}{n}},\ \ \hat{p} + z_{\alpha/2}\sqrt{\frac{\hat{p}(1-\hat{p})}{n}}\right] \tag{7.18}$$

が得られる．

例 7.5 ある2項母集団から $n=200$ の標本を抽出して，標本比率 $\hat{p} = x/n = 0.2$ が得られたとき，p に対する 90% 信頼区間を求めると，$\alpha = 0.90$ より $z_{\alpha/2} = z_{0.45} = 1.64$ であり，信頼区間は

$$\left[\hat{p} - 1.64\sqrt{\frac{\hat{p}(1-\hat{p})}{n}},\ \ \hat{p} + 1.64\sqrt{\frac{\hat{p}(1-\hat{p})}{n}}\right]$$
$$= \left[0.2 - 1.64\sqrt{\frac{0.2 \times 0.8}{200}},\ \ 0.2 + 1.64\sqrt{\frac{0.2 \times 0.8}{200}}\right]$$
$$= [0.2 - 0.046,\ \ 0.2 + 0.046]$$
$$= [0.154,\ \ 0.246] \qquad \square$$

例 7.6 無作為に選んだ 100 人の学生について，運転免許を保有しているかどうかを調査したところ，64 人が保有していた．

全学生の運転免許保有率少を信頼係数 95% で区間推定しよう．

標本の比率は $x/n = 64/100 = 0.64$ であり，$z_{0.475} = 1.96$ であるから，95% 信頼区間は

$$\hat{p} \pm z_{\alpha/2}\sqrt{\frac{\hat{p}(1-\hat{p})}{n}} = 0.64 \pm 1.96\sqrt{\frac{0.64 \times 0.36}{100}}$$
$$= 0.64 \pm 1.96 \times 0.048$$
$$= 0.64 \pm 0.094$$

あるいは

$$[0.546, \ 0.734]$$

となる． □

7.6 母分散の区間推定

ここでは母集団の分散の区間推定について考えるが，母集団分布は正規分布であるという仮定をしておく．

(1) 母平均 μ が既知のとき

平均 μ，分散 σ^2 をもつ正規母集団からの n 個の標本を $X_1, X_2, \cdots, X_n$ とすると，各 X_i は互いに独立に $X_i \sim N(\mu, \sigma^2)$ であり，標準化した $(X_i - \mu)/\sigma$ は標準正規分布に従っている．したがって 6.4 節で述べたように

$$\sum_{i=1}^{n}\left(\frac{X_i - \mu}{\sigma}\right)^2 = \frac{1}{\sigma^2}\sum_{i=1}^{n}(X_i - \mu)^2 \sim \chi_n^2$$

である．そこで自由度 n の χ^2 分布から確率評価式を作ると，

$$Pr\left\{\chi'^2 < \frac{1}{\sigma^2}\sum_{i=1}^{n}(X_i - \mu)^2 < \chi''^2\right\} = \alpha \tag{7.19}$$

が作られる．したがって

$$Pr\left\{\frac{1}{\chi''^2}\sum_{i=1}^{n}(X_i-\mu)^2 < \sigma^2 < \frac{1}{\chi'^2}\sum_{i=1}^{n}(X_i-\mu)^2\right\} = \alpha \tag{7.20}$$

より σ^2 に対する $100\alpha\%$ 信頼区間が

$$\left[\frac{1}{\chi''^2}\sum_{i=1}^{n}(X_i-\mu)^2,\ \frac{1}{\chi'^2}\sum_{i=1}^{n}(X_i-\mu)^2\right] \tag{7.21}$$

と得られる．

χ^2 分布には対称性はないが，図 6.9 で示すような確率を上側と下側がそれぞれ $(1-\alpha)/2$ となるように (7.19) 式の χ'^2 と χ''^2 を選ぶ．付表 III の χ^2 分布表は上側 $\alpha\%$ 点の数表であるから，

$$\chi'^2 = \chi_n^2\left(\frac{1+\alpha}{2}\right) \quad \text{および} \quad \chi''^2 = \chi_n^2\left(\frac{1-\alpha}{2}\right)$$

をひかなければならない．例えば $\alpha = 0.90$ であれば $\chi'^2 = \chi_n^2(0.95)$ と $\chi''^2 = \chi_n^2(0.05)$ の欄を表からひくことになる．

例 7.7 $\mu = 100$ と既知である正規母集団からの $n = 10$ の標本として

$$99, 96, 106, 94, 92, 118, 87, 98, 103, 102$$

が得られたとき，σ^2 に対する 90% 信頼区間を求めよう．

$$\sum_{i=1}^{10}(x_i - 100)^2 = 663$$
$$\chi'^2 = \chi_{10}^2(0.95) = 3.94$$
$$\chi''^2 = \chi_{10}^2(0.05) = 18.31$$

であるから (7.21) 式より σ^2 の信頼区間が

$$[36.21,\ 168.27]$$

と得られ，σ については平方根をとると，

$$[6.02,\ 12.97]$$

が得られる． □

(2) 母平均 μ が未知のとき

このときは (6.18) 式で考えた

$$\frac{nS^2}{\sigma^2} = \frac{1}{\sigma^2} \sum_{i=1}^{n}(X_i - \bar{X})^2 \sim \chi_{n-1}^2$$

を用いれば，(1) と同様にして

$$Pr\left\{\frac{1}{\chi''^2}\sum_{i=1}^{n}(X_i - \bar{X})^2 < \sigma^2 < \frac{1}{\chi'^2}\sum_{i=1}^{n}(X_i - \bar{X})^2\right\} = \alpha \tag{7.22}$$

より σ^2 に対する $100\alpha\%$ 信頼区間が

$$\left[\frac{1}{\chi''^2}\sum_{i=1}^{n}(X_i - \bar{X})^2, \ \frac{1}{\chi'^2}\sum_{i=1}^{n}(X_i - \bar{X})^2\right] \tag{7.23}$$

あるいは

$$\left[nS^2/\chi''^2, \ nS^2/\chi'^2\right] \tag{7.24}$$

として得られる．ただし χ^2 分布は自由度が $n-1$ であるから，

$$\chi'^2 = \chi_{n-1}^2\left(\frac{1+\alpha}{2}\right) \quad \text{および} \quad \chi''^2 = \chi_{n-1}^2\left(\frac{1-\alpha}{2}\right)$$

である．

例 7.8 平均も未知の正規母集団から $n=20$ の標本を抽出し，標本平均 $\bar{x}=100$，標本分散 $s_x^2 = 90$ が得られたとき，σ^2 に対する 95% 信頼区間を求めよう．

χ^2 分布の自由度は $20-1=19$ であるから

$$\chi'^2 = \chi_{19}^2(0.975) = 8.91$$
$$\chi''^2 = \chi_{19}^2(0.025) = 32.9$$

を表からひき (7.24) 式より σ^2 の信頼区間は

$$[20 \times 90/32.9, \ 20 \times 90/8.91] = [54.71, \ 202.02]$$

と得られ，σ については

$$[7.40, \ 14.21]$$

が得られる． □

7.7 推定の誤差

これまで，母平均や母集団比率の区間推定の問題を考えてきたが，そこでの確率評価式を用いて，母数の点推定の推定誤差について考えてみよう．母集団平均については，評価式（7.7）式あるいは（7.9）式は

$$Pr\left\{|\bar{X} - \mu| < z_{\alpha/2} \cdot \frac{\sigma}{\sqrt{n}}\right\} = \alpha$$

のようにも書き換えられるが，この式は標本平均 $\bar{X}$ を母平均 μ で点推定した時の推定の誤差を確率的に評価している式になっている．

$z_{\alpha/2} \cdot \frac{\sigma}{\sqrt{n}}$ は誤差の限界を表しているから，推定誤差を ε 以下にするためには

$$z_{\alpha/2} \cdot \frac{\sigma}{\sqrt{n}} < \varepsilon, \quad \text{すなわち}, \quad n > \left(\frac{z_{\alpha/2}}{\varepsilon}\right)^2 \cdot \sigma^2$$

の関係より必要な標本数を知ることができる．

標本数 n を大きくとるという前提にたてば，分散 σ^2 が未知であっても σ^2 の代わりに不偏分散 u_x^2 の情報があれば σ を u_x で置き換えて

$$n > \left(\frac{z_{\alpha/2}}{\varepsilon}\right)^2 \cdot u_x^2 \tag{7.25}$$

から標本数の設計を行うことができる．

例 7.9 ある大学の男子学生全体を母集団とし，そこから 100 人を無作為に抽出して身長を調べたら，標本平均 $\bar{X} = 170.0$ cm，不偏分散 $u_x^2 = 7.5^2$ cm^2 であった．

(1) 170.0 (cm) を母平均 μ の推定値とするとき，確率 0.9 で誤差はどのくらいと見積もるべきか．

$$\varepsilon = 1.64 \times \frac{7.5}{\sqrt{100}} = 1.64 \times 0.75 = 1.23 \text{cm}$$

(2) 母平均 μ の推定値を確率 0.95 で 1cm 以下におさめるには，標本数

はあとどのくらい必要か.

$$1.96 \times \frac{7.5}{\sqrt{n}} < 1 \quad \text{より},$$
$$n > (1.96 \times 7.5)^2 = 14.7^2 = 216.09$$

よって，あと 117 人の学生を調べる必要がある． □

つぎに母集団比率の推定誤差について考えてみよう．

標本比率 $\hat{p} = X/n$ と母集団比率 p についての関係はすでに (7.16) 式で考えたが，この式を変形すると，

$$Pr\left\{|\hat{p} - p| < z_{\alpha/2} \cdot \sqrt{\frac{p(1-p)}{n}}\right\} = \alpha \tag{7.26}$$

であり，$\hat{p}$ を p の点推定としたときの推定誤差の確率評価とすることができる．推定誤差を ε 以下にするためには

$$z_{\alpha/2} \cdot \sqrt{\frac{p(1-p)}{n}} < \varepsilon \tag{7.27}$$

より

$$n > \left(\frac{z_{\alpha/2}}{\varepsilon}\right)^2 \cdot p(1-p) \tag{7.28}$$

となるから，必要な標本数の計算をすることができる．

(7.28) 式では，推定したい母集団比率 p そのものが含まれているから，p については過去のデータなどから値の検討をつけるか，あるいは $p(1-p)$ が $p = 1/2$ で最大値 $1/4$ をとることより，サンプル数 n を最大に見積もって

$$n > \frac{1}{4} \cdot \left(\frac{z_{\alpha/2}}{\varepsilon}\right)^2 \tag{7.29}$$

と考えてもよい．

> **例 7.10** ある市において新条例の市民の賛成率を確率 0.95 で 3%以下の誤差で推定しようとするとき,何人以上の標本を抽出して調査すればよいか.
>
> $$n > \frac{1}{4} \cdot \left(\frac{1.96}{0.03}\right)^2 = 1067.1$$
>
> したがって,1068 人以上抽出すればよい. □

演 習 問 題

[問 7.1] 平均 μ,分散 $\sigma^2 = 3^2$ の正規母集団から $n = 36$ の標本を抽出して,標本平均が 21 と得られたとき,μ に対する 90%信頼区間を求めよ.

[問 7.2] ある都市の年収 800 万円から 1200 万円のサラリーマン家庭 200 家庭を対象にアンケート調査をして,1 箇月当たりの食費を調べたところ,平均 20 万円,標準偏差 5 万円であった.この都市のこの層の全サラリーマン家庭の,1 箇月当たりの食費を 95%で区間推定せよ.

[問 7.3] 分散 σ^2 が未知のある母集団から 100 個の標本を抽出してきて,$\bar{x} = 140$,$u_x^2 = 49$ が得られた.μ に対する 90%信頼区間を求めよ.

[問 7.4] 分散 σ^2 が未知の正規母集団からの大きさ 10 の標本が

$$102, 92, 114, 110, 98, 104, 96, 118, 86, 95$$

と得られた.母平均 μ の 95%信頼区間を求めよ.

[問 7.5] 母分散が $\sigma^2 = 3^2$ と既知である正規母集団からの n 個の標本にもとづく標本平均 $\bar{X}$ を母平均 μ の点推定とするとき,推定の誤差 $|\bar{X} - \mu|$ を確率 0.95 で 0.05 以下にするには,n をいくらにとればいいか.

[問 7.6] ある市で,市政に賛成する住民の割合 p を知るため,n 人にアンケート調査をすることにした.標本での割合 $p' = X/n$ と p との間の誤差を確率 0.90 で 0.01 以下に押えるためには,何人にアンケート調査をすればいいか.

[問 7.7] ある新聞社の 3000 人調査では,有効回答数 2428 人で,内閣の支持率は 26.2%であった.母集団支持率 p に対する 95%および 90%信頼区間を求めよ.

[問 7.8] ある大学で図書館の利用状況を調べるために 150 人の学生を無作為抽出し調査したところ，85 人が利用していた．全学生の中の利用率 p の 95%信頼区間を求めよ．

[問 7.9] 問 7.4 で，母分散 σ^2 に対する 90%信頼区間を求めよ．

[問 7.10] 未知の分散 σ_i^2 $(i=1,2,3,4)$ をもつ 4 つの正規母集団から n_i 個ずつの標本を抽出してつぎの結果を得た．

n_i	10	15	20	25
$n_i S_i^2$	35	30	40	45

それぞれの分散の 90%信頼区間を求めよ．

第8章 仮説検定

8.1 検定の考え方

前章では,ある母集団が母数 θ をもっていたとき,この θ そのものを標本から得られる統計量によって直接,点推定や区間推定によって推定するという問題を考えたが,本章ではつぎのような問題を考えてみよう.

ある地域で,100 人の出生児のうち男児が 45 人,女児が 55 人であった.この 100 人をこの地域の無作為標本とみなすとき,この地域での女児の出生率が男児の出生率よりも高いといって良いであろうか.

統計的仮説検定(testing statistical hypotheses)とはこのような問題を統計的に(確率的に)判断していこうということである.

いま対象とする母集団の確率分布には母数 θ が含まれているとする.先の例でいうと,ある地域の女児の出生率を p と考えることである.

この θ についての仮説検定を行うときの検定のステップをまず示しておこう.

ステップ 1: 母数 θ についてのある**仮説**

$$H_0 : \theta = \theta_0 \tag{8.1}$$

をたてる.

ステップ 2: 母数 θ がその確率分布に影響を及ぼすような 1 つの統計量 $T(\theta; X_1, X_2, \cdots, X_n)$ を選ぶ.仮説 H_0 によって θ が θ_0 で決められるから,統計量 T の確率分布がはっきりと決まってくる.

ステップ 3: この確率分布の下では確率的に起こり得ないであろうと思われる微小な確率 α の**領域**(region)を定める.すなわち図 8.1 のように,

$$Pr\{T(\theta_0; X_1, X_2, \cdots, X_n) \in R\} = \alpha \tag{8.2}$$

となるような R を決める.

ステップ 4: 実際に母集団から無作為標本 $(X_1, X_2, \cdots, X_n)$ を抽出して，その実現値 $(x_1, x_2, \cdots, x_n)$ から統計量 T の実現値 $T(\theta_0; x_1, x_2, \cdots, x_n)$ を求める．

ステップ 5: この T の実現値がこの領域 R 内に入っているとき，すなわち

$$T(\theta_0; x_1, x_2, \cdots, x_n) \in R \tag{8.3}$$

なら仮説 H_0 を**棄却する**（reject）．そうでなければ H_0 を**棄却しない**（not reject）．

以上のステップの中での説明に関連するいくつかの用語をあげておこう．

最初にたてる仮説 H_0 のことを**帰無仮説**（null hypothesis）という．領域 R を**棄却域**（critical region）といい，領域 R を作るときに設定する小さな確率 α のことを**有意水準**（level of significance）または**危険率**という．このよ

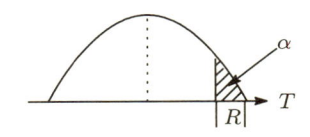

図 8.1 上側棄却域

うな用語で呼ばれる理由は，のちに明らかになるであろう．また，有意水準は確率そのものでなく，$100\alpha\%$ と%表現されることもある．

ところで棄却域 R を作るとき，図 8.1 のように分布の上側に R を作るのか，あるいは図 8.2 のように分布の下側に R を作るのか，両側に R を作るのかは，もし H_0 が成り立たなければ θ の別の仮説をわれわれがどのように頭に描いているかによって違ってくる．この別の仮説のことを**対立仮説**（alternative hypothesis）といい，

$$H_1 : \theta = \theta_1 \tag{8.4}$$

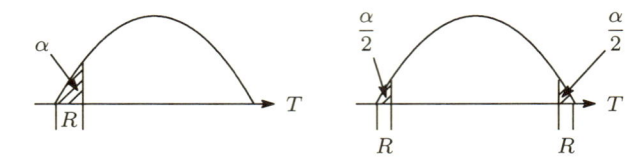

図 8.2 下側棄却域，両側棄却域

で表す．H_1 はもう少しはっきり表すと，

$$\left.\begin{array}{ll} \text{i)} & H_1: \theta=\theta_1>\theta_0 \\ \text{ii)} & H_1: \theta=\theta_1<\theta_0 \\ \text{iii)} & H_1: \theta=\theta_1\neq\theta_0 \end{array}\right\} \tag{8.5}$$

のいずれかの形をとる．

対立仮説の違いにより，i) や ii) のように棄却域が H_0 の分布の上側か下側かの片側にある場合を**片側検定**（one-sided test）といい，iii) のように棄却域が両側にある場合を**両側検定**（two-sided test）という．

以上に述べた検定のステップを最初にあげた出生率の例で考えてみよう．

ステップ 1: 女児の出生率を p として帰無仮説に
$$H_0: \ p=p_0=\frac{1}{2}=0.5$$
を立てる．

ステップ 2: 統計量として，標本比率 $\hat{p}=X/n$ を選び，この分布を正規分布で近似すると，6 章 6.3 節の 2) より，H_0 の下での $\hat{p}$ の確率分布は平均が p_0，分散が $p_0(1-p_0)/n$ の正規分布を想定できる．

ステップ 3: 出生率 p が 1/2 より大きいようだ，ということを念頭において対立仮説を立てると
$$H_1: \ p=p_1>p_0=1/2=0.5$$
とすることができるであろう．この仮説 H_1 の下での $\hat{p}$ の確率分布は平均が p_1，分散が $p_1(1-p_1)/n$ の正規分布で近似でき，帰無仮説 H_0 と対立仮説 H_1 の下での $\hat{p}$ の確率分布は図 8.3 のようになる．したがって棄却域 R を図 8.3 のように分布の上側に作るのが妥当であろう．

帰無仮説 H_0 の下での $\hat{p}=X/n$ の正規分布としての累積確率は $n=100$，$p=1/2$ として，X/n のきざみを 0.01 としたとき，表 8.1 のよう

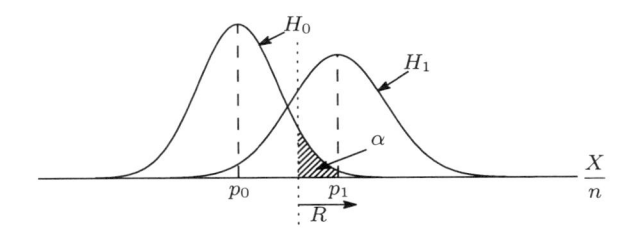

図 8.3 仮説の下での X/n の分布

になる．棄却域を作る基準になる確率 α は非常に小さな値であるから，表 8.1 より，例えば

$$Pr\left\{\frac{X}{n} > 0.59\right\} = 1 - Pr\left\{\frac{X}{n} \le 0.59\right\}$$
$$= 1 - 0.964 = 0.036$$

となることにより，$\alpha = 0.036$ にとると，棄却域 R を
$$R = \left\{\frac{X}{n} > 0.59\right\}$$
と決めることができる．

ステップ 4: 実際に母集団から無作為標本を抽出し，統計量 X/n を求める．ここでは，$X/n = 55/100 = 0.55$ である．

ステップ 5: X/n が R の範囲内に入っていれば帰無仮説 H_0 を棄却する．そうでなければ H_0 を棄却できない．$X/n = 0.55$ は R の範囲に含まれていないから，この場合は有意水準 $\alpha = 0.036$ で帰無仮説 H_0 は棄却されず，女児の出生率が男児の出生率よりも高いとは言えないという結論になる．

なお，この出生率の例において，同じ有意水準（$\alpha = 0.036$）では，女児の出生率が 59 人以下だとやはり同じ検定の結果が得られることになる．

では H_0 を積極的に**採択**（accept）するかというと，そうではなくて，帰無仮説の方はむしろ否定されるべきだと想定して設定してあり，念頭にあるのはあくまで対立仮説の方であるから，検定に使われたデータだけでは，この帰無仮説を棄却するには不充分であるという意味である．したがって H_0 のことを帰無仮説というのである．

表 8.1 $n = 100,\ p = 1/2$ の正規分布累積確率

X/n	正規分布累積確率	正規分布上位確率 α
0.00	0.0000	1.0000
～	～	～
0.29	0.0000	1.0000
0.30	0.0000	1.0000
～	～	～
0.50	0.5000	0.5000
0.51	0.5793	0.4207
0.52	0.6554	0.3446
0.53	0.7257	0.2743
0.54	0.7881	0.2119
0.55	0.8413	0.1587
0.56	0.8849	0.1151
0.57	0.9192	0.0808
0.58	0.9452	0.0548
0.59	0.9641	0.0359
0.60	0.9772	0.0228
0.61	0.9861	0.0139
0.62	0.9918	0.0082
0.63	0.9953	0.0047
0.64	0.9974	0.0026
0.65	0.9987	0.0013
0.66	0.9993	0.0007
0.67	0.9997	0.0003
0.68	0.9998	0.0002
0.69	0.9999	0.0001
0.70	1.0000	0.0000
～	～	～

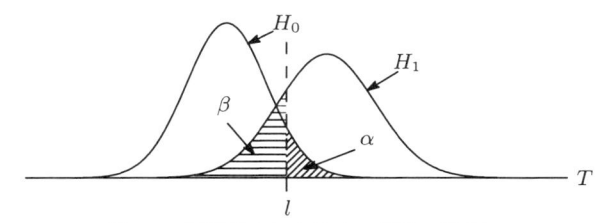

図 8.4 仮説検定における 2 種類の過誤

表 8.2　2 種類の過誤の関係

	$H_0:$ 棄却しない	$H_0:$ 棄却する
$H_0:$ 正しい	正しい判断	第 1 種の過誤
$H_0:$ 正しくない	第 2 種の過誤	正しい判断

同様の意味で，帰無仮説が棄却されることを検定の結果は**有意**（significant）であるといい，確率 α が有意水準と呼ばれる理由でもある．

ところで，先ほどの女児出生率の例で，標本の出生率 $\hat{p} = X/n$ が 0.59 よりも大きければ帰無仮説 H_0 が棄却されることになるが，表 8.1 でみられるように，本来母数が $p = 0.5$ であったとしても微小な確率で $\hat{p} = X/n > 0.59$ となることはあり得るのである．ということは，はじめにあげた仮説検定の手順で検定を行っても結果に誤りをおかすことがある．すなわち，帰無仮説 H_0 が正しいのにもかかわらず，H_0 を棄却してしまうという誤りである．この誤りのことを**第 1 種の過誤**（type I error）という．そして第 1 種の過誤をおかす確率は有意水準 α に等しい．α を危険率と呼ぶ理由もここにある．

検定にあたっては，第 1 種の過誤をなるべく小さくするような検定方式が望ましい．しかし，この α を一方的に小さくすることはできない．なぜならわれわれは帰無仮説に対して常に対立仮説も同時に考えたが，このことによって検定の結果にもう 1 つの誤りをおかすことになるからである．

検定統計量の実現値が図 8.4 の境界 l より左に生じたときは，H_0 を棄却しないが，実は確率 β で H_1 の仮説も成り立っている．すなわち，H_0 が正しくないにもかかわらず，H_0 を棄却しないという誤りをおかす．裏返すと，H_1 が正しいのに H_1 を棄却してしまう誤りといってもいい．この誤りのことを**第 2 種の過誤**（type II error）という．第 2 種の過誤をおかす確率は図 8.4 の β に等しい．2 種類の過誤の関係をまとめると表 8.2 のようになる．

したがって，検定の基準としては，第 1 種の過誤も第 2 種の過誤も両方とも小さくなるようなものを作れればいいのだが，図 8.4 からわかるように，α

を小さくしようとして境界 l を右へ移動すればするほど，β は大きくなる．また逆に β を小さくしようとして l を左へ移動すればするほど，α が大きくなってしまう．このように両方とも同時に小さくすることは一般に不可能である．そこで通常は，一方の α を 0.01 とか 0.05 に決めておいて棄却域 R を作るという方法がとられている．

次節からは以上の検定の考え方を，具体的な母数の検定の問題としてとりあげてみよう．

8.2 母平均の検定

本節では，母集団平均の検定の問題を考えるが，検定に使われる標本分布は 7 章の母平均の推定のところで使ってきたものと同じである．

(1) 正規母集団の μ の検定（σ^2 が既知のとき）

(8.5) 式の i), ii), iii) の場合を順に考えてみよう．

i) 正規母集団を $N(\mu, \sigma^2)$ として，仮説をまず

$$\left.\begin{array}{l} H_0 : \mu = \mu_0 \\ H_1 : \mu = \mu_1 > \mu_0 \end{array}\right\} \tag{8.6}$$

と立てる．

n 個の標本に基づく標本平均 $\bar{X}$ の分布は $\bar{X} \sim N(\mu, \sigma^2/n)$ であったから，H_0 の下での $\bar{X}$ の分布と H_1 の下での $\bar{X}$ の分布は，分散がともに同じであることより図 8.5 のようになる．

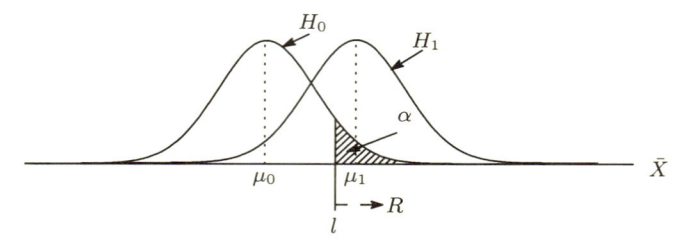

図 8.5 母平均 μ の検定の上側棄却域

そこで H_0 の下で

$$Pr\{\bar{X} > l\} = \alpha$$

となる棄却域の境界（**臨界値**ともいう）l を決めればいいが，H_0 の下では $\bar{X} \sim N(\mu_0, \sigma^2/n)$ であり，(7.7) 式と同様な考えで

$$Pr\left\{\bar{X} > \mu_0 + z_\alpha \frac{\sigma}{\sqrt{n}}\right\} = \alpha \tag{8.7}$$

となる

$$l = \mu_0 + z_\alpha \frac{\sigma}{\sqrt{n}}$$

が得られる．ただし，ここでの z_α の値は確率 α の取り方が違うので (7.7) 式の z_α とは異なっていることを注意しておこう．

α と z_α の関係は表 8.3 のようになる．

したがって棄却域 R が

$$R = \left\{\bar{X} \mid \bar{X} > \mu_0 + z_\alpha \frac{\sigma}{\sqrt{n}}\right\} \tag{8.8}$$

表 8.3 片側検定の有意水準 α と z_α

α	z_α
0.01	2.33
0.05	1.64

と決まるから，標本平均の実現値 $\bar{x}$ が

$$\left.\begin{array}{l} \bar{x} \in R \text{ のとき } H_0 \text{ を棄却する} \\ \bar{x} \notin R \text{ のとき } H_0 \text{ を棄却できない} \end{array}\right\} \tag{8.9}$$

という検定方式がとられる．

例 8.1 中学 1 年生の男子の身長の全国平均は 152.5cm であるとする．A 市で中学 1 年生 49 人について身長を測定したところ $\bar{x} = 153.4$cm であった．A 市の中学 1 年生の平均身長は，全国平均より大きいといえるかどうかを有意水準 5％で検定してみよう．ただし身長は標準偏差 $\sigma = 6$cm の正規分布をしているものとする．

そこで仮説をつぎのように立てる．

$$\left.\begin{array}{l} H_0: \mu = 152.5 \\ H_1: \mu > 152.5 \end{array}\right\}$$

このとき
$$l = 152.5 + 1.64 \cdot \frac{6}{\sqrt{49}} = 153.9$$
となる．したがって $\bar{x} = 153.4 < l$ であるから，H_0 を棄却できない．いい換えると，これらのデータだけからは，A市の身長が全国の身長より大きいとはいえないという結論になる．この様子は図8.6に示してある． □

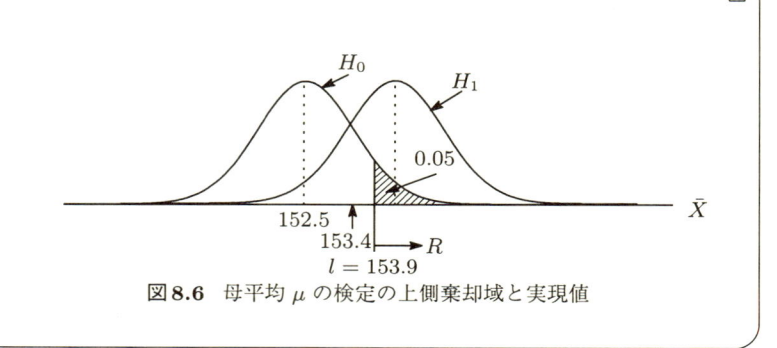

図**8.6** 母平均 μ の検定の上側棄却域と実現値

ii) つぎに仮説を

$$\left. \begin{array}{l} H_0 : \mu = \mu_0 \\ H_1 : \mu = \mu_1 < \mu_0 \end{array} \right\} \tag{8.10}$$

と立てるとどうだろうか．このときは図8.7のように帰無仮説 H_0 の下で

$$Pr\{\bar{X} < l\} = \alpha$$

となる l を

$$Pr\left\{\bar{X} < \mu_0 - z_\alpha \frac{\sigma}{\sqrt{n}}\right\} = \alpha \tag{8.11}$$

から

$$l = \mu_0 - z_\alpha \frac{\sigma}{\sqrt{n}}$$

と決める．したがって棄却域は

$$R = \left\{\bar{X} \mid \bar{X} < \mu_0 - z_\alpha \frac{\sigma}{\sqrt{n}}\right\} \tag{8.12}$$

となり，実現値 $\bar{x}$ が

$$\left.\begin{array}{l}\bar{x} < \mu_0 - z_\alpha \dfrac{\sigma}{\sqrt{n}} \text{ のとき } H_0 \text{ を棄却する} \\ \bar{x} > \mu_0 - z_\alpha \dfrac{\sigma}{\sqrt{n}} \text{ のとき } H_0 \text{ を棄却できない}\end{array}\right\} \quad (8.13)$$

という検定方式になる．

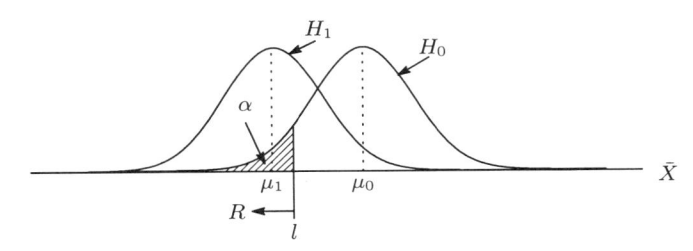

図 8.7 母平均 μ の検定の下側棄却域

例 8.2 内容量 500g と表示された商品がある．ある消費者団体が商品 25 個をサンプル調査したところ，平均が 495g であった．この商品の表示は正しいといえるかどうかを $\alpha = 0.01$ で検定してみよう．ただし商品の内容量は平均 μ，分散 $\sigma^2 = 5^2$ の正規分布に従っているものとする．

仮説を

$$\left.\begin{array}{l} H_0 : \mu = 500 \\ H_1 : \mu < 500 \end{array}\right\}$$

と立てると

$$\begin{aligned} l &= \mu_0 - z_\alpha \frac{\sigma}{\sqrt{n}} = 500 - 2.33 \cdot \frac{5}{\sqrt{25}} \\ &= 497.67 \end{aligned}$$

であるから，$\bar{x} = 495 < l$ となり，H_0 は棄却される．すなわち，有意水準を 0.01 にとっても，この商品の内容量の表示はおかしいという結論になる． □

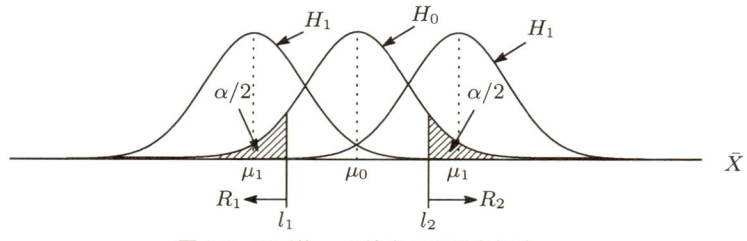

図 8.8 母平均 μ の検定の両側棄却域

iii) 最後に仮説を

$$\left.\begin{array}{l}H_0: \mu = \mu_0 \\ H_1: \mu = \mu_1 \neq \mu_0\end{array}\right\} \tag{8.14}$$

と立てた場合を考えよう．

H_1 は $\mu > \mu_0$ か $\mu < \mu_0$ のいずれかであるから，棄却域は図 8.8 のように上側と下側の両方にとればよい．すなわち

$$Pr\{\bar{X} < l_1\} = \frac{\alpha}{2}, \qquad Pr\{\bar{X} > l_2\} = \frac{\alpha}{2}$$

となる l_1, l_2 を

$$\left.\begin{array}{l}Pr\left\{\bar{X} < \mu_0 - z_{\alpha/2}\dfrac{\sigma}{\sqrt{n}}\right\} = \dfrac{\alpha}{2} \\[2mm] Pr\left\{\bar{X} > \mu_0 + z_{\alpha/2}\dfrac{\sigma}{\sqrt{n}}\right\} = \dfrac{\alpha}{2}\end{array}\right\} \tag{8.15}$$

から

$$l_1 = \mu_0 - z_{\alpha/2}\frac{\sigma}{\sqrt{n}}, \qquad l_2 = \mu_0 + z_{\alpha/2}\frac{\sigma}{\sqrt{n}}$$

と決める．ただし α と $z_{\alpha/2}$ の関係は表 8.4 のようになる．

表 8.4 両側検定の有意水準 α と $z_{\alpha/2}$

α	$z_{\alpha/2}$
0.01	2.58
0.05	1.96

2 つの棄却域は

$$R_1 = \{\bar{X}|\ \bar{X} < l_1\}, \qquad R_2 = \{\bar{X}|\ \bar{X} > l_2\} \tag{8.16}$$

となり，実現値 $\bar{x}$ が

$$\left.\begin{array}{l}\bar{x} < l_1 \text{ または } \bar{x} > l_2 \text{ のとき } H_0 \text{ を棄却する} \\ l_1 < \bar{x} < l_2 \text{ のとき } H_0 \text{ を棄却できない}\end{array}\right\} \tag{8.17}$$

という検定方式をとればいい．

例 8.3 過去何年かの統計学の試験で，平均点が 70 点であることが経験的にわかっている．このとき，今年度の受講生が過去の受講生と比べて何らかの違いがあるかどうかを知りたいものとする．そこで今年度の受講生の点数表から 36 人分を抽出して標本平均を求めたら，$\bar{x} = 73$ 点であった．$\alpha = 0.05$ として，このことを検定してみよう．ただし試験の点数の分布は平均 μ，分散 $\sigma^2 = 10^2$ の正規分布を仮定しておく．

ここでは今年度の受講生が過去の受講生よりすぐれているとか，劣っているとかを問題にしているわけではないので，仮説を

$$\left.\begin{array}{l} H_0 : \mu = 70 \\ H_1 : \mu \neq 70 \end{array}\right\}$$

と立てる．$z_{\alpha/2} = z_{0.025} = 1.96$ であるから臨界値は

$$l_1 = 70 - 1.96 \times \frac{10}{6} = 66.7, \quad l_2 = 70 + 1.96 \times \frac{10}{6} = 73.3$$

となり，$\bar{x} = 73 < l_2$ であるから H_0 は棄却されない．したがって両者に違いがあるとはいえない．□

(2) 正規母集団の μ の検定（σ^2 が未知のとき）

母分散 σ^2 が未知のときは，σ^2 の代わりに不偏分散 U^2 で置き換えれば，推定の場合と同じように (6.27) 式の性質を用いることができる．

したがって，(1) の (8.7)，(8.11) 式および (8.15) 式と同様の関係から，

i) $H_1 : \mu > \mu_0$ のとき，棄却域を

$$R = \left\{ \bar{X} \mid \bar{X} > l = \mu_0 + t_{n-1}(\alpha) \frac{U}{\sqrt{n}} \right\} \tag{8.18}$$

とする．

ii) $H_1 : \mu < \mu_0$ のとき，棄却域を

$$R = \left\{ \bar{X} \mid \bar{X} < l = \mu_0 - t_{n-1}(\alpha) \frac{U}{\sqrt{n}} \right\} \tag{8.19}$$

とする．

iii) $H_1 : \mu \neq \mu_0$ のとき，棄却域を

$$\left. \begin{array}{l} R_1 = \left\{ \bar{X} \mid \; \bar{X} < l_1 = \mu_0 - t_{n-1}(\alpha/2) \dfrac{U}{\sqrt{n}} \right\} \\[2mm] R_2 = \left\{ \bar{X} \mid \; \bar{X} > l_2 = \mu_0 + t_{n-1}(\alpha/2) \dfrac{U}{\sqrt{n}} \right\} \end{array} \right\} \quad (8.20)$$

とする．

例 8.4 母平均 μ，母分散 σ^2 が未知の正規母集団から，大きさ $n = 10$ の標本を抽出して

$$98, 97, 99, 97, 96, 102, 95, 98, 99, 99$$

が得られた．仮説

$$\left. \begin{array}{l} H_0 : \; \mu = 100 \\ H_1 : \; \mu < 100 \end{array} \right\}$$

を $\alpha = 0.05$ で検定してみよう．

標本平均および不偏分散を計算すると，

$$\bar{x} = \frac{1}{n} \sum_i x_i = 980/10 = 98$$

$$u_x^2 = \frac{1}{n-1} \left(\sum_i x_i^2 - n \bar{x}^2 \right)$$

$$= (96074 - 10 \times 98^2)/9 = 3.78$$

$$u_x = 1.94.$$

また $\alpha = 0.05$ のとき $t_9(0.05) = 1.833$ であるから，棄却域の臨界値は

$$l = \mu_0 - t_9(0.05) \times \frac{u_x}{\sqrt{n}} = 100 - 1.833 \times \frac{1.94}{\sqrt{10}}$$

$$= 98.88$$

と得られ，$\bar{x} = 98 < l$ となるから，$\bar{x}$ は棄却域に入っている．したがって帰無仮説は棄却される． □

検定に使われる統計量の分布が t 分布のとき，このような検定は **t 検定** (t-test) と呼ばれている．

(3) 一般の母集団の平均 μ の検定（σ^2 が未知で標本数が大きいとき）

母集団が正規分布でなく，一般の母集団の場合には，標本数 n が大きいときに限り中心極限定理を適用できるから，μ の検定が行える．

母分散が既知であれば (1) の検定方式 (8.9) 式, (8.13) 式および (8.17) 式がそのまま使える．

また母分散が未知の場合でも，n が大きいという条件から σ^2 を U^2 で代用することにより (1) と似た形の検定方式がとれる．すなわち (8.7) 式, (8.11) 式および (8.15) 式の関係から

i) $H_1 : \mu > \mu_0$ のとき，棄却域を

$$R = \left\{ \bar{X} \mid \bar{X} > l = \mu_0 + z_\alpha \frac{U}{\sqrt{n}} \right\} \tag{8.21}$$

とする．

ii) $H_1 : \mu < \mu_0$ のとき，棄却域を

$$R = \left\{ \bar{X} \mid \bar{X} < l = \mu_0 - z_\alpha \frac{U}{\sqrt{n}} \right\} \tag{8.22}$$

とする．

iii) $H_1 : \mu \neq \mu_0$ のとき，棄却域を

$$\left. \begin{aligned} R_1 &= \left\{ \bar{X} \mid \bar{X} < l_1 = \mu_0 - z_{\alpha/2} \frac{U}{\sqrt{n}} \right\} \\ R_2 &= \left\{ \bar{X} \mid \bar{X} > l_2 = \mu_0 + z_{\alpha/2} \frac{U}{\sqrt{n}} \right\} \end{aligned} \right\} \tag{8.23}$$

とする．

例 8.5 母平均 μ，母分散 σ^2 が未知のある母集団から，大きさ 50 の標本を抽出して母平均 μ の検定をしてみよう．仮説は

$$\left. \begin{aligned} H_0 &: \mu = 150 \\ H_1 &: \mu \neq 150 \end{aligned} \right\}$$

と立てることにし，有意水準5%で検定する．

いま50個の標本を抽出して

$$\bar{x} = 144.4, \quad u_x^2 = 83.6, \quad u_x = 9.14$$

が得られたとする．このとき iii) の検定方式より

$$l_1 = 150 - 1.96 \times \frac{9.14}{\sqrt{50}} = 150 - 2.53 = 147.47$$

$$l_2 = 150 + 1.96 \times \frac{9.14}{\sqrt{50}} = 150 + 2.53 = 152.53$$

となるから $\bar{x} = 144.4 < l_1$ より仮説 H_0 は棄却される． □

8.3 母平均の差の検定

本節では2つの母集団 Π_X と Π_Y があったとき，それぞれの母平均 μ_X と μ_Y に違いがあるかどうかの検定を考えよう．

母集団分布はいずれも正規分布であると仮定し，$X \sim N(\mu_X, \sigma_X^2)$，$Y \sim N(\mu_Y, \sigma_Y^2)$ としておく．

このとき Π_X から n_X 個 Π_Y から n_Y 個の標本に基づいての標本平均 $\bar{X}, \bar{Y}$ はやはり正規分布をし，

$$\bar{X} \sim N\left(\mu_X, \frac{\sigma_X^2}{n_X}\right), \quad \bar{Y} \sim N\left(\mu_Y, \frac{\sigma_Y^2}{n_Y}\right)$$

となる．したがって性質6.1より $\bar{X} - \bar{Y}$ の分布は

$$\bar{X} - \bar{Y} \sim N\left(\mu_X - \mu_Y, \frac{\sigma_X^2}{n_X} + \frac{\sigma_Y^2}{n_Y}\right) \tag{8.24}$$

となる．

そこで帰無仮説 H_0 を

$$H_0 : \mu_X = \mu_Y \quad (\mu_X - \mu_Y = 0 \text{ でもよい})$$

と立てることにより，

$$\bar{X} - \bar{Y} \sim N\left(0, \frac{\sigma_X^2}{n_X} + \frac{\sigma_Y^2}{n_Y}\right) \tag{8.25}$$

となるから，確率評価式

$$Pr\left\{-z_{\alpha/2}\sqrt{\frac{\sigma_X^2}{n_X}+\frac{\sigma_Y^2}{n_Y}} < \bar{X}-\bar{Y} < z_{\alpha/2}\sqrt{\frac{\sigma_X^2}{n_X}+\frac{\sigma_Y^2}{n_Y}}\right\} = \alpha \qquad (8.26)$$

が得られる．

あとは 8.2 節で述べた検定方式にしたがえば片側検定，両側検定を含めて，いろいろなケースの仮説検定を行うことができる．

例 8.6 2 つの大学で 100 人の学生について統計学の試験をしたところ，表 8.5 のような結果が得られた．
2 つの大学の学生の学力に差異があるだろうか．$\alpha = 0.01$ で統計的に検定してみよう．

表 8.5 2 つの大学の試験の結果

	標本平均	不偏分散 u^2
X 大学	71.5	13.5^2
Y 大学	69.5	15.0^2

母分散 σ_X^2, σ_Y^2 はいずれも未知であるが，標本数が大きいことから U_X^2, U_Y^2 で代用することにすると，

$$\bar{X}-\bar{Y} \sim N\left(0, \frac{U_X^2}{n_X}+\frac{U_Y^2}{n_Y}\right) \qquad (8.27)$$

が使える．したがって，題意より仮説を

$$\left.\begin{array}{l}H_0:\ \mu_X = \mu_Y \\ H_1:\ \mu_X \neq \mu_Y\end{array}\right\}$$

と立てると，$n_X = n_Y = 100$ であるから確率評価式は

$$Pr\left\{-z_{\alpha/2}\sqrt{U_X^2+U_Y^2}\Big/10 < \bar{X}-\bar{Y} < z_{\alpha/2}\sqrt{U_X^2+U_Y^2}\Big/10\right\} = \alpha \qquad (8.28)$$

となり，棄却域が

$$\left.\begin{array}{l}R_1 = \left\{\bar{X}-\bar{Y}|\ \bar{X}-\bar{Y} < l_1 = -z_{\alpha/2}\sqrt{U_X^2+U_Y^2}/10\right\} \\ R_2 = \left\{\bar{X}-\bar{Y}|\ \bar{X}-\bar{Y} > l_2 = z_{\alpha/2}\sqrt{U_X^2+U_Y^2}/10\right\}\end{array}\right\} \qquad (8.29)$$

と決まる．標本からの結果は

$$l_1 = -2.58 \times \sqrt{407.25}/10 = -5.21$$
$$l_2 = 5.21$$

と得られるから

$$\bar{x} - \bar{y} = 71.5 - 69.5 = 2 < l_2$$

であり，H_0 を棄却できない．すなわち両大学の学力に差があるとは認められないという結論になる．

この検定では有意水準を 0.05 にとってみても $l_2 = 3.96$ であり，同じような u_X, u_Y のときは 3.96 点以上点がひらかなければ差があるとはいえないこともわかる． □

8.4 母集団比率の検定

母集団比率の検定は，比率の推定のときと同じように 2 項分布の正規近似を用いて行うことができる．

第 7 章の確率評価式 (7.16) 式より，仮説

$$H_0 : p = p_0$$

の下では

$$Pr\left\{p_0 - z_{\alpha/2}\sqrt{p_0(1-p_0)/n} < \frac{X}{n} < p_0 + z_{\alpha/2}\sqrt{p_0(1-p_0)/n}\right\} = \alpha \tag{8.30}$$

であるから，対立仮説の違いにより検定方式を決めればよい．ここで $X/n = \hat{p}$ としておく．

i) $H_1 : p > p_0$ のとき，棄却域を

$$R = \left\{\hat{p} \mid \hat{p} > l = p_0 + z_\alpha\sqrt{p_0(1-p_0)/n}\right\} \tag{8.31}$$

とする．

ii) $H_1 : p < p_0$ のとき，棄却域を
$$R = \left\{ \hat{p} \mid \hat{p} < l = p_0 - z_\alpha \sqrt{p_0(1-p_0)/n} \right\} \tag{8.32}$$
とする．

iii) $H_1 : p \neq p_0$ のとき，棄却域を
$$\left. \begin{array}{l} R_1 = \left\{ \hat{p} \mid \hat{p} < l_1 = p_0 - z_{\alpha/2} \sqrt{p_0(1-p_0)/n} \right\} \\ R_2 = \left\{ \hat{p} \mid \hat{p} > l_2 = p_0 + z_{\alpha/2} \sqrt{p_0(1-p_0)/n} \right\} \end{array} \right\} \tag{8.33}$$
とする．

例 8.7 コイン投げの実験で，表の出現率 p についての仮説
$$H_0 : p = \frac{1}{2}$$
$$H_1 : p < \frac{1}{2}$$
を検定してみよう．

$\alpha = 0.05$ とし 50 回の実験の結果，表が 18 回出たとすると $p_0 = 0.5$, $z_\alpha = z_{0.05} = 1.64$ であるから ii) より
$$l = 0.5 - 1.64\sqrt{0.5 \times 0.5/50} = 0.384$$
となり，
$$\hat{p} = \frac{x}{n} = \frac{18}{50} = 0.36 < l$$
であるから，H_0 は棄却される． □

例 8.8 従来，ある製品の不良品率は 2% であるとする．いま製品 100 個を抽出して調べたら 5 個が不良品であった．製造工程に異常があるといえるだろうか．$\alpha = 0.01$ として検定してみよう．

ここでの仮説は

$$H_0 : p = 0.02$$
$$H_1 : p > 0.02$$

と立てるのが妥当であろう.
　このとき $z_\alpha = z_{0.01} = 2.33$ であるから i) より

$$l = 0.02 + 2.33\sqrt{0.02 \times 0.98/100} = 0.053$$

となり，標本値は

$$\hat{p} = \frac{5}{100} = 0.05 < l$$

であるから H_0 は棄却できない．したがってこれだけの標本からは製造工程に異常があるとは判断できないという結論になる． □

8.5　母分散の検定

　検定問題の最後として，母集団分散 σ^2 の検定について考えておこう．分散の推定のときと同様に，母集団の分布は正規分布をしているものとする．また母平均 μ も一般には未知であるから，ここで用いる統計量は (6.18) 式で考えたように $nS^2/\sigma^2 = \sum_{i=1}^{n}(X_i - \bar{X})^2/\sigma^2$ が自由度 $n-1$ の χ^2 分布をするということである.
　したがって，仮説

$$H_0 : \sigma^2 = \sigma_0^2$$

の下では $\sum_{i=1}^{n}(X_i - \bar{X})^2/\sigma_0^2$ が自由度 $n-1$ の χ^2 分布をする.
　付表 III のように自由度 n の χ^2 分布の上側 $\alpha\%$ 点を $\chi^2(\alpha)$ とすると，対立仮説の違いにより，検定方式をつぎのように決めることができる．ここで $\sum_{i=1}^{n}(X_i - \bar{X})^2/\sigma_0^2 = Y$ としておく.

　i) $H_1 : \sigma^2 > \sigma_0^2$ のとき，棄却域を

$$R = \{Y |\ Y > l = \chi_{n-1}^2(\alpha)\} \tag{8.34}$$

とする.

ii) $H_1 : \sigma^2 < \sigma_0^2$ のとき,棄却域を
$$R = \{Y|\ Y < l = \chi_{n-1}^2(1-\alpha)\} \tag{8.35}$$
とする.

iii) $H_1 : \sigma^2 \neq \sigma_0^2$ のとき,棄却域を
$$\left.\begin{array}{l} R_1 = \{Y|\ Y < l_1 = \chi_{n-1}^2(1-\alpha/2)\} \\ R_2 = \{Y|\ Y > l_2 = \chi_{n-1}^2(\alpha/2)\} \end{array}\right\} \tag{8.36}$$
とする.

例 8.9 母平均,母分散ともに未知の正規母集団から大きさ $n = 25$ の標本を抽出して標本分散
$$s_x^2 = \frac{1}{25}\sum_{i=1}^{25}(x_i - \bar{x})^2 = 148 \quad (s_x = 12.2)$$
が得られたとする.このとき,仮説
$$H_0 : \sigma^2 = 10^2$$
$$H_1 : \sigma^2 > 10^2$$
を危険率 0.05 で検定してみよう.
$$y = \sum_{i=1}^{25}(x_i - \bar{x})^2/\sigma_0^2 = 148 \times 25/100 = 37$$
であり,付表より $l = \chi_{24}^2(0.05) = 36.4$ が得られるから $y = 37 > l$ となる.
　したがって i) より帰無仮説 H_0 は棄却される. □

演 習 問 題

[問 8.1] 正規分布 $N(\mu, 4^2)$ から 10 個の標本を抽出して
$$48, 46, 48, 50, 48, 52, 51, 53, 46, 50$$
が得られたとき，仮説
$$H_0: \mu = 48 \qquad H_1: \mu \neq 48$$
を有意水準 5% で検定せよ．

[問 8.2] 平均，分散がともに未知の正規母集団について，仮説
$$H_0: \mu = 25 \qquad H_1: \mu < 25$$
を検定するために 10 個の標本を抽出したら，
$$25, 21, 24, 25, 21, 25, 27, 28, 24, 29$$
が得られた．危険率 5% でこの仮説 H_0 は棄却できるか．

[問 8.3] 平均，分散がともに未知のある母集団について，仮説
$$H_0: \mu = 100 \qquad H_1: \mu > 100$$
を検定するために 50 個の標本を抽出したら，$\bar{x} = 104.9$, $u_x = 9.17$ が得られた．有意水準 0.01 で検定せよ．

[問 8.4] A 地域と B 地域で，50 世帯ずつを選んで年間の家庭食での米の 1 人当たり消費量を調査したところ，つぎのような結果が得られた．

	平均	不偏分散 u^2
A 地域	49.5kg	5.3^2
B 地域	52.3kg	4.9^2

両地域の米の消費量に差異があるかを $\alpha = 0.01$ で検定せよ．

[問 8.5] サイコロを 60 回振って 6 の目の出る回数を調べたら 16 回であった．このサイコロは正常なサイコロといえるだろうか．有意水準 1% と 5% の両方で検定せよ．

[問 8.6] ある市で成人 400 人を無作為抽出し，ある問題について賛否を問うたところ，250 人が賛成であった．市の成人全体に対する賛成率 p について，仮説
$$H_0: p = 0.6 \qquad H_1: p > 0.6$$
を有意水準 5% で検定せよ．

[問 8.7] つぎの 17 人の身長データについて母分散 σ^2 に関する検定
$$H_0: \sigma^2 = 6^2 \qquad H_1: \sigma^2 < 6^2$$
を $\alpha = 0.01$ で行え．ただし母集団は正規分布をしているものとする．
$$162, 160, 166, 159, 158, 173, 155, 161,$$
$$164, 164, 157, 167, 160, 167, 158, 164, 166$$

第9章 相関係数

9.1 多変量解析とは

　これまで扱ってきたデータは，ただ1個の特性値に関するもの，すなわち1変量のデータであった．しかし現実の身近な問題の中では，いくつかの総合的な特性値によって判断あるいは評価することの方が多い．

　例えば一人の人間の体格というと，身長や体重，胸囲などの総合評価でその良し悪しが測られるであろうし，健康状態であれば，体温，脈拍，血圧などで判断するだろう．また入学試験では何科目かの試験の点数の合計で合否が決められるのが一般的である．さらに企業の経営状態は，財務諸表によって示されているいくつかの指標によって，その収益性とか資産の流動性などを把握できるかも知れない．

　このように多次元の特性値を同時に統計的に解析していくことを，これまでの一変量統計解析に対して**多変量統計解析**と呼ぶ．もう少しいいかえると，多変量解析とは，いくつかの個体が2つ以上の特性値をもって収集されたとき，各特性値を独立して考えるのではなく，お互いの相互関連を分析することである．

　もちろん多次元の特性値をもつデータであっても，その1つ1つを別個に一変量解析として扱い，経験や直観によって総合判断を下すということもあるかも知れない．これもある程度までは可能であっても，変量の数が多くなればもうお手上げである．どうしても多変量解析の手法に頼らざるを得なくなるであろう．

　したがって多変量解析においては，多くの変量をそのまま使うのではなく，なんらかの意味でそれらを代表させるような別の変量を作り出していく．

　多変量解析には，解析の目的，解析に用いる特性値の違いなどによって，実にさまざまな方法が考えられており，それらに説明を加えることは，この教科書では不可能であるから，本章では多変量解析の最も基本的かつ重要な相関係数についてのみ述べることにする．

9.2 相関係数

一変量解析から多変量解析へと進んでいくと，どうしても互いの2変量間の関連を調べてみなければならない．

まず**散布図**あるいは**相関図**（correlogram）というものを描き，データを2次元平面上の点として図示し，2変量間の関連性についてだいたいの形を読みとってみることである．

例 9.1 20人の子供の身長（x cm），体重（y kg）が表9.1のように与えられたとき，その散布図を描くと図9.1のようになる． □

表9.1 20人の子供の身長と体重

番号	身長	体重
1	151.1	42.2
2	154.6	44.3
3	147.7	45.9
4	145.0	38.1
5	153.3	45.8
6	147.2	42.8
7	149.9	44.7
8	148.1	41.9
9	154.7	39.7
10	150.2	41.9
11	150.5	43.7
12	149.5	36.1
13	140.4	33.3
14	153.6	46.3
15	147.2	39.7
16	161.0	50.3
17	155.0	42.5
18	154.4	48.2
19	149.3	44.8
20	157.4	52.4
平　均	151.0	43.2
標準偏差	4.5	4.4
共分散		15.1
相関係数		0.7488

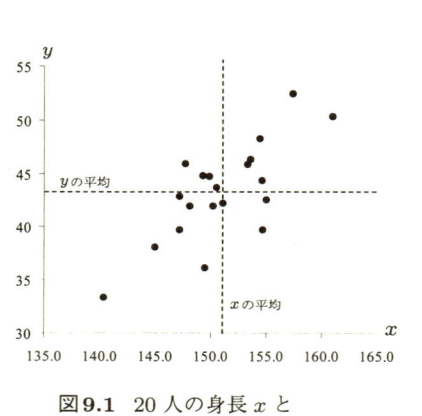

図9.1 20人の身長 x と体重 y の散布図

この散布図をみると，おおむね小さな x の値には小さな y の値が対応し，また大きな x の値には大きな y の値が対応していることが読み取れる．さら

に点のばらつきが，だいたい直線的であることもわかる．そこで直線的な2変量の関連度合をみる尺度として**相関係数**（correlation coefficient）を定義しよう．

一般に n 個の2変量データ $(x_1, y_1), (x_2, y_2), \cdots, (x_n, y_n)$ について，x と y の相関係数 r はつぎの式で与えられる．

$$r = \frac{\frac{1}{n}\sum_{i=1}^{n}(x_i - \bar{x})(y_i - \bar{y})}{s_x s_y} = \frac{s_{xy}}{s_x s_y} \tag{9.1}$$

ここで $\bar{x}, \bar{y}$ および s_x, s_y はそれぞれ変量 x, y の平均と標準偏差である．また分子は x と y の**共分散**（covariance）と呼ばれるもので，s_{xy} と表しておく．

(9.1) 式は書き換えてみると

$$r = \frac{1}{n}\sum_{i=1}^{n}\left(\frac{x_i - \bar{x}}{s_x}\right)\left(\frac{y_i - \bar{y}}{s_y}\right) = \frac{1}{n}\sum_{i=1}^{n}u_i v_i \tag{9.2}$$

ともなっているが，この式の意味は，2変量の関連度をみるのにそれぞれの変量の原点の選び方に無関係でなければいけないこと，x, y のもつ尺度にも無関係でなければならないということである．x_i, y_i をそのまま使わず

$$u_i = \frac{x_i - \bar{x}}{s_x}, \qquad v_i = \frac{y_i - \bar{y}}{s_y} \tag{9.3}$$

に変換して考えるやり方は，1変量のところで考えたものと同じように標準化するということになる．標準化したデータの散布図を図9.2に再びあげておく．

この図をみると，ほとんどの点が第1象限と第3象限にあり，このとき u_i, v_i の値は同符号である．また第2，第4象限にある数少ない点については，u_i, v_i の符号は異符号である．したがって，その積 $u_i v_i$ の総和は正の値になるだろう．

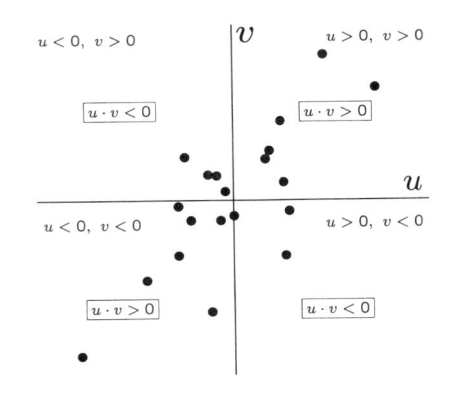

図9.2 標準化データの散布図

例 9.2 表 9.1 のデータから (9.1) 式により相関係数を求めてみよう．

$$x \text{ の平均 } \bar{x} = \frac{1}{n}\sum_{i=1}^{n} x_i = 151.005$$

$$y \text{ の平均 } \bar{y} = \frac{1}{n}\sum_{i=1}^{n} x_i = 43.230$$

標準偏差 s_x, s_y は分散

$$s_x^2 = \frac{1}{n}\sum_{i=1}^{n}(x_i - \bar{x})^2 = \frac{1}{n}\sum_{i=1}^{n}x_i^2 - \bar{x}^2$$

$$s_y^2 = \frac{1}{n}\sum_{i=1}^{n}(y_i - \bar{y})^2 = \frac{1}{n}\sum_{i=1}^{n}y_i^2 - \bar{y}^2$$

より $s_x = 4.533$, $s_y = 4.438$ と得られる．

共分散 s_{xy} は

$$s_{xy} = \frac{1}{n}\sum_{i=1}^{n}(x_i - \bar{x})(y_i - \bar{y})$$

$$= \frac{1}{n}\sum_{i=1}^{n}x_i y_i - \bar{x}\bar{y}$$

より $s_{xy} = 15.066$ と得られる．

したがって相関係数 r は

$$r = \frac{s_{xy}}{s_x s_y} = 0.749$$

となる． □

$u_i v_i$ の符号のことを考えると，例えば図 9.3 のような場合，i) では $r < 0$，ii) では $r \fallingdotseq 0$ となるであろうことは予想がつく．

そこで $r > 0$ のときは，x と y には正の**相関がある**といい，$r < 0$ のときは**負の相関がある**という．また $r = 0$ のときは，x と y は**無相関**であるという．また r については不等式 $-1 \le r \le 1$ が成り立つことが数学的に証明できるが，$r = \pm 1$ の場合は，各点が完全にある直線にのっている場合であり，

i)　　　　　　　　　　　　ii)

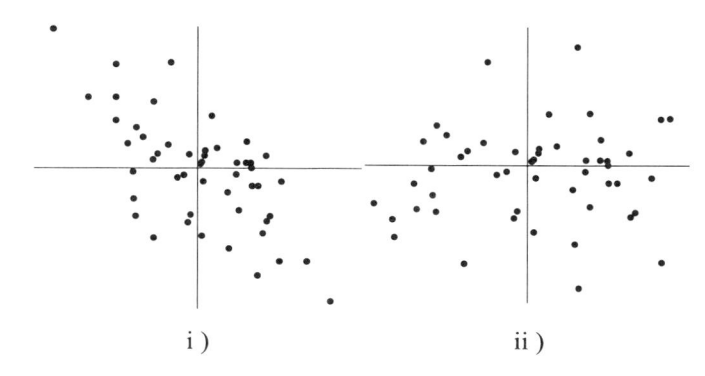

図 9.3　散布図と相関係数の関係（1）

$r = 1$ のときを**正の完全相関**, $r = -1$ のときを**負の完全相関**という.
　以上のことを図で表すと図 9.4 のようになる.

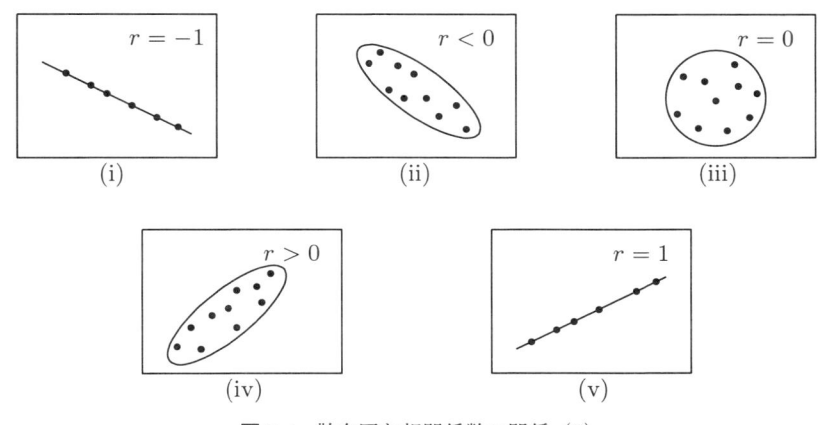

図 9.4　散布図と相関係数の関係（2）

9.3　回帰直線

　さて，相関係数が 2 変量間の直線的な関連の度合をはかる尺度であることがわかったが，完全相関でなくても，何となく直線に近い分布をしているときには，何らかの直線式をあてはめてみることはできる．そのことによって，

もし x の値があらかじめわかっているとき，x と y の関連から y についてのある程度の予測あるいは推測を行うことが可能である．それが**回帰式**の考え方であり，直線式を**線形回帰式**という．

回帰式の求め方は**最小 2 乗法**と呼ばれる方法を用いる．散布図に x から y を予測できるような直線をおおよその目安であてはめる場合，図 9.5 のように 3 つの場合が考えられる．

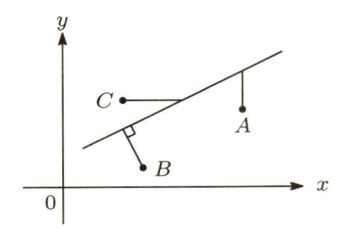

図 9.5 点と直線との距離

A は y 座標に関して，点と直線がなるべく短い距離にあるようにあてはめる場合である．B は点と直線そのものとの距離がなるべく短くなるようにあてはめる場合である．最後に C は A とは逆に x 座標に関して点と直線がなるべく短い距離になるようにあてはめる場合である．そこで x から y を予測する直線式を決めるには，このうちで A の方法をとる．

いま，あてはめる回帰式を

$$y = ax + b \tag{9.4}$$

とおくと，各 x_i に対して直線上の $\hat{y}_i$ 座標が定まるが，このとき最小 2 乗法とは

$$(y_i - \hat{y}_i)^2 = \{y_i - (ax_i + b)\}^2 \tag{9.5}$$

を全体的に最も小さくなるように，すなわち

$$\sum_{i=1}^{n} (y_i - \hat{y}_i)^2 \tag{9.6}$$

を最小にするように a, b を決める方法である．

数学的には，この式を

$$Q = \sum_{i=1}^{n} \{y_i - (ax_i + b)\}^2 \tag{9.7}$$

とおいて，a, b について偏微分したものを 0 とおくことで，つぎの連立方程式

$$\begin{cases} \sum_{i=1}^{n} x_i \cdot a + n \cdot b = \sum_{i=1}^{n} y_i \\ \sum_{i=1}^{n} x_i^2 \cdot a + \sum_{i=1}^{n} x_i \cdot b = \sum_{i=1}^{n} x_i y_i \end{cases} \tag{9.8}$$

が得られるから，その解として

$$\begin{cases} a = \dfrac{\sum_{i=1}^{n}(x_i - \bar{x})(y_i - \bar{y})}{\sum_{i=1}^{n}(x_i - \bar{x})^2} \\ b = \bar{y} - a\bar{x} \end{cases} \tag{9.9}$$

が得られる．a は分散，共分散を用いると，

$$a = \frac{s_{xy}}{s_x^2} \tag{9.10}$$

と書いてもよい．したがって，求めるべき直線式（線形回帰式）は

$$\begin{aligned} y &= \frac{s_{xy}}{s_x^2} x + \bar{y} - a\bar{x} \\ &= \bar{y} + \frac{s_{xy}}{s_x^2}(x - \bar{x}) \end{aligned} \tag{9.11}$$

と表すことができる．
　また (9.1) 式の r の定義より，(9.11) 式は

$$y - \bar{y} = r \frac{s_y}{s_x}(x - \bar{x}) \tag{9.12}$$

と書くこともでき，相関係数が回帰式に重要な役割を果していることもわかる．
　こうして得られた直線は "x に対する y の回帰直線" という．(9.11) 式から明らかなように直線は x と y の平均 $\bar{x}, \bar{y}$ を必ず通ることを注意しておこう．
　(9.4) 式の関係の直線を求めるとき，x は**説明変数**，y は**目的変数**と呼ばれている．
　さて立場をかえて，こんどは y の値から x の値を予測するものとすれば，図 9.5 において C の場合であるから，いままでと同様に考えると，"y に対する x の回帰直線"

$$x = \bar{x} + \frac{s_{xy}}{s_y^2}(y - \bar{y}) \tag{9.13}$$

が得られる．すなわち，説明変数と目的変数が入れ替わった場合の式である．

例 9.3 表 9.1 のデータについて回帰式を求めてみよう．x に対する y の回帰直線は (9.9) 式, (9.11) 式より

$$a = \frac{s_{xy}}{s_x^2} = \frac{15.066}{4.533^2} = 0.7331$$
$$b = \bar{y} - a\bar{x} = 43.23 - 0.733 \times 151.005 = -67.47$$

となるから，

(1) $\quad y = 0.733x - 67.5$

が得られる．また，y に対する x の回帰直線は (9.13 式より)

$$a' = \frac{s_{xy}}{s_y^2} = \frac{15.066}{4.438^2} = 0.765$$
$$b' = \bar{x} - a'\bar{y}$$
$$= 151.005 - 0.765 \times 43.23 = 117.94$$

となり，

(2) $\quad x = 0.765y + 117.94$

と得られる．これらの 2 本の直線は再び散布図と一緒に図 9.6 に同じ平面に描いてある．

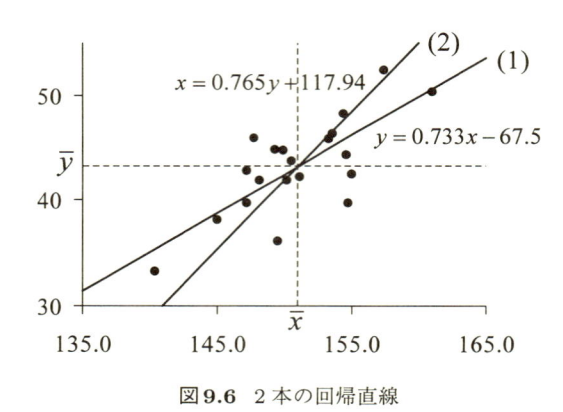

図 9.6 2 本の回帰直線

このようにして回帰直線が求まると，例えば身長 152cm の子供の体重を (1) より

$$\hat{y} = 0.733 \times 152 - 67.5$$
$$= 43.9 \text{ kg}$$

と推定することができる． □

9.4 相関係数の推定と検定

1変量の確率分布と同じように，2変量あるいは多変量であっても，それらは互いに関連をもちながらやはり2次元あるいは多次元の確率分布をしている．前節で考えた相関係数は，このような確率分布をしている母集団から抽出された多変量の標本データの間の2変量の関係をみたものであり，**標本相関係数**と呼んだ方が正しい．したがって，もとの母集団での相関関係も当然存在するわけで，これを**母相関係数**といい，通常は ρ で表す．

2次元以上の確率分布の確率密度関数には必ずこの ρ が含まれてくる．

では ρ の推定や検定はどのようにして行えばいいのだろうか．

(1) ρ の区間推定

ここでは2変量の確率変数 (X, Y) の確率分布は，2変量正規分布と呼ばれるものに限定して考える．2変量正規分布は，X, Y それぞれも1変量の正規分布をしているが，互いに相関係数 ρ の関係を保ちながら分布しており，その形はイメージ的には，ゆがんだ麦わら帽子を想像しておけばよい．

さて ρ の推測には，やはり道具として何らかの統計量が必要となるが，われわれは n 個の標本から求められる標本相関係数 R を利用する．統計量 R の標本分布については

$$Z = \frac{1}{2} \log \frac{1+R}{1-R} \tag{9.14}$$

と変換することにより，n がある程度大きければ Z が近似的に

$$\left. \begin{array}{ll} \text{平均} & m = \dfrac{1}{2} \log \dfrac{1+\rho}{1-\rho} \\ \text{分散} & \dfrac{1}{n-3} \end{array} \right\} \tag{9.15}$$

の正規分布をすることが知られている.

(9.14) 式の変換を,その提唱者の名前から**フィッシャー**（R.A. Fisher）の **z 変換**という.したがって確率評価式

$$
Pr\left\{\left|\frac{Z-m}{1/\sqrt{n-3}}\right|<z_\alpha\right\}
$$
$$
=Pr\left\{Z-z_\alpha\frac{1}{\sqrt{n-3}}<m<Z+z_\alpha\frac{1}{\sqrt{n-3}}\right\}=\alpha \tag{9.16}
$$

より m の $100\alpha\%$ 信頼区間が

$$
m=Z\pm z_\alpha\frac{1}{\sqrt{n-3}} \tag{9.17}
$$

と得られる.(9.15) 式より ρ を逆に求めると

$$
\rho=\frac{e^{2m}-1}{e^{2m}+1} \tag{9.18}
$$

となり,(9.17) 式で求めた m の信頼区間から ρ の信頼区間を求めることができる.

例 9.4 標本数は大きいとはいえないが,例 9.2 で求めた $r=0.749$ を用いて ρ の 95%信頼区間を求めてみよう.

$$
z=\frac{1}{2}\log\frac{1+r}{1-r}=\frac{1}{2}\log\frac{1.749}{0.251}=\frac{1}{2}\log 6.968=0.9707
$$
$$
m=0.9707\pm 1.96\times\frac{1}{\sqrt{17}}=0.9707\pm 0.4754
$$

したがって m の信頼区間は $[0.4953, 1.4461]$ となるから,(9.18) 式より ρ の信頼区間が

$$[0.458, 0.895]$$

と得られる. □

（2）ρ の検定

仮説

$H_0:\ \rho=\rho_0$

$H_1:\ \rho\neq\rho_0$

を立てて ρ に関する検定を行うには,推定のところで用いた Z が

$$\text{平均}\quad m_0 = \frac{1}{2}\log\frac{1+\rho_0}{1-\rho_0}$$

の正規分布をすることを用いる.有意水準を α とするとき,棄却域の臨界値

$$\left.\begin{array}{l} l_1 = m_0 - \dfrac{1}{\sqrt{n-3}}z_{\alpha/2} \\ l_2 = m_0 + \dfrac{1}{\sqrt{n-3}}z_{\alpha/2} \end{array}\right\} \tag{9.19}$$

を定め,

$$z = \frac{1}{2}\log\frac{1+r}{1-r} \tag{9.20}$$

が,$z < l_1$ または $z > l_2$ のとき H_0 を棄却する.

特に仮説を

$H_0:\ \rho = 0$

$H_1:\ \rho \neq 0$

と立てる場合は,標本数が大きくなくても,統計量

$$T = \frac{\sqrt{n-2}R}{\sqrt{1-R^2}} \tag{9.21}$$

が自由度 $n-2$ の t 分布をすることが知られており,これを利用して検定を行うことができる.

例 9.5 大きさ 40 の標本から $r = 0.76$ が得られたとき,

$H_0:\ \rho = 0.9$

を有意水準 0.05 で検定してみよう.

$$m_0 = \frac{1}{2}\log\frac{1+0.9}{1-0.9} = 1.4722$$

と計算できる.$\alpha = 0.05$ で $z_{0.025} = 1.96$ であるから $\dfrac{1}{\sqrt{n-3}}z_{\alpha/2} = 1.96/\sqrt{37} = 0.3222$.したがって

$$l_1 = 1.15,\quad l_2 = 1.7944$$

となる.一方

$$z = \frac{1}{2}\log\frac{1+r}{1-r} = \frac{1}{2}\log\frac{1.76}{0.24} = 0.996$$

であり,$z < l_1$ となるから,H_0 は棄却される. □

演習問題

[問 9.1] 右のような 10 人分の生徒の英語と数学の得点について，相関係数を求めよ．また英語を x，数学を y とするとき，x に対する y の回帰直線を求め，散布図の上に描いてみよ．

[問 9.2] 50 個のデータから $r = 0.83$ が得られたとき，ρ に対する 90%信頼区間を求めよ．また仮説 $H_0: \rho = 0.9$ を $\alpha = 0.05$ で検定せよ．

番号	英語	数学
1	63.3	63.0
2	62.1	66.4
3	62.9	71.4
4	55.0	56.6
5	67.1	72.1
6	69.1	72.6
7	72.9	81.6
8	61.6	68.4
9	64.0	68.0
10	74.7	80.5

第10章 χ^2 検定

10.1 適合度検定

多くの社会現象や実験の中で,k 通りの起こり方 $E_1, E_2, \cdots, E_k$ があり(これらは事象または区間でもよい),その確率分布が表 10.1 のようになっているものとする.

表 10.1 事象の確率分布

事象または区間	E_1	E_2	$\cdots$	E_k	計
事象の起こる確率	p_1	p_2	$\cdots$	p_k	1

いま n 回の試行でそれらの事象が $n_1, n_2, \cdots, n_k$ 回起こったとする.一方,表 10.1 の確率分布の下では事象 E_i の期待される度数(理論度数)は np_i である(表 10.2).

表 10.2 事象の観測度数と期待度数

事象または区間	E_1	E_2	$\cdots$	E_k	計
観測度数	n_1	n_2	$\cdots$	n_k	n
期待度数(理論度数)	np_1	np_2	$\cdots$	np_k	n

そこで観測度数 n_i と理論度数 np_i との全体的な偏差を

$$\chi^2 = \sum_{i=1}^{k} \frac{(n_i - np_i)^2}{np_i} \tag{10.1}$$

で測ることにすると,χ^2 を用いて,実験の結果があらかじめ仮定してある確率分布の下で起こったものであるかどうかの判断(検定)を行うことができる.(10.1) 式を **χ^2 統計量**といい,このような検定を**適合度検定**(goodness of fit test)または **χ^2 検定**(χ^2 test)という.

数学的な証明は省略するが，χ^2 統計量（(10.1) 式）は n が充分大きくてかつ各 n_i がそれほど小さくなければ，自由度 $k-r-1$ の χ^2 分布をする．ここに r は，仮定している母集団確率分布が含んでいる未知の母数の個数である．また n_i については 5 以上であれば問題ないことが知られている．

仮説の立て方は，帰無仮説として

H_0: 母集団がある特定の分布をしている

または

H_0: 母集団の母数 $\theta = \theta_0$

などが考えられるから，対立仮説もそれによって変わってくるが，いずれにしても H_0 が成り立たなければ (10.1) 式の χ^2 統計量の値は大きくなるから，検定の棄却域としては上側だけを考えておけばよい．

したがって仮説

$H_0 : p_i = p_{i0}$

を立て，χ^2 統計量の値

$$\chi^2 = \sum_{i=1}^{k} \frac{(n_i - np_{i0})^2}{np_{i0}} \tag{10.2}$$

から，有意水準を α とするとき，検定基準を

$$\begin{cases} \chi^2 > \chi^2_{k-r-1}(\alpha) & \text{ならば} \quad H_0 \text{を棄却する} \\ \chi^2 < \chi^2_{k-r-1}(\alpha) & \text{ならば} \quad H_0 \text{を棄却できない} \end{cases}$$

とする検定方式が得られる．

例 10.1 0 から 9 までの数が正 20 面体に 2 回ずつ付与されている乱数サイを $n=100$ 回振って，それぞれの目の出現回数がつぎのように観測されたとする．このとき，このサイコロは正常なものと認められるだろうか．

表 10.3　正 20 面体サイコロの目の観測値

サイコロの目 x_i	0	1	2	3	4	5	6	7	8	9	計
確　率　p_i	0.1	0.1	0.1	0.1	0.1	0.1	0.1	0.1	0.1	0.1	1.0
観測度数 n_i	10	9	7	15	10	11	5	8	13	12	100
理論度数 np_i	10	10	10	10	10	10	10	10	10	10	100

10.1 適合度検定　155

仮説
$$H_0: p_i = 0.1$$
を立てると理論度数 np_i は表 10.3 のようになるから，
$$\chi^2 = \frac{(10-10)^2}{10} + \frac{(9-10)^2}{10} + \cdots + \frac{(12-10)^2}{10} = 7.8 \quad (10.3)$$
が得られる．有意水準を $\alpha = 0.05$ とすると，自由度 $k-r-1 = 10-0-1 = 9$ の χ^2 分布の上側 5%点は，$\chi_9^2(0.05) = 16.92$ であり，$\chi^2 < 16.92$ となっているから H_0 は棄却できない．すなわち，この乱数サイは，これだけの実験から判断する限り正常と認めざるを得ない．　□

この例では乱数サイの分布が $p_i = 0.1$ の一様分布であることを仮定しての検定であるから，母数そのものも既知と考えたが，母数が未知の場合はどうであろうか．

例 10.2 ある電話回線に入ってくる 1 分当たりの呼び出し回数を 1 時間調べたところ，つぎのような結果が観測されたとする．

```
3 1 3 1 4 2 2 4 0 3
0 2 2 0 2 1 4 3 3 1
4 2 2 1 1 2 1 0 3 4
1 3 2 7 2 0 0 1 3 3
1 2 4 2 0 2 3 1 2 5
1 1 0 1 1 2 2 1 1 5
```

この分布はポアソン分布と見なしていいだろうか．

呼び出し回数の分布を整理すると表 10.4 のようになる．

表10.4　呼び出し回数の分布

呼び出し回数 x_i	0	1	2	3	4	5	6	7	計
観測度数 n_i	8	17	16	10	6	2	0	1	60
確率 p_i	0.1353	0.2707	0.2707	0.1804	0.0902	0.0361	0.0120	0.0034	0.9989
理論度数 np_i	8.12	16.24	16.24	10.83	5.41	2.17	0.72	0.21	59.93

そこで，この確率分布がポアソン分布であるという仮説 H_0 を立てる．ポアソン分布の確率式 (5.17) 式の母数 λ は分布の母平均であったから，

標本平均 $\bar{x}$ を λ の点推定値とすると,

$$\hat{\lambda} = \bar{x} = \frac{1}{60}\sum_{i=1}^{8} x_i n_i = 2 \tag{10.4}$$

が得られ，呼び出し回数の確率分布を

$$p(x_i) = \frac{2^{x_i}}{x_i!}e^{-2} \quad (x_i = 0, 1, 2, \cdots) \tag{10.5}$$

で推定できる．したがって $x_i = 0, 1, \cdots, 7$ のときの $p_i = p(x_i)$ と，そのときの理論度数 np_i を計算すると，同じく表 10.4 のようになる．

しかし表 10.4 の観測度数の中で，$n_6 = 2$, $n_7 = 0$, $n_8 = 1$ は値が小さすぎるから，これらを $n_5 = 4$ のところに全部まとめてしまうと表 10.5 が得られる．

表 10.5 呼び出し回数の分布（修正）

呼び出し回数 x_i	0	1	2	3	4	計
観測度数 n_i	8	17	16	10	9	60
確率 p_i	0.1353	0.2707	0.2707	0.1804	0.1429	1.0
理論度数 np_i	8.12	16.24	16.24	10.83	8.57	60

表 10.5 から χ^2 の値を求めると

$$\chi^2 = \frac{(8-8.12)^2}{8.12} + \frac{(17-16.24)^2}{16.24} + \cdots + \frac{(9-8.57)^2}{8.57} = 0.1254$$

となる．$k = 5$ であり，ポアソン分布の母数 λ を $\bar{x}$ で推定したから，1 個の母数を推定したことになり $r = 1$ である．自由度を $k-r-1 = 5-1-1 = 3$ として有意水準を $\alpha = 0.05$ にとると $\chi_3^2(0.05) = 7.81$ であり，$\chi^2 < 7.81$ より仮説 H_0 を棄却できない．したがって呼び出し回数の確率分布は $\lambda = 2$ のポアソン分布と見なしてもいいという結論になる．

この検定では H_0 はポアソン分布であるという仮説であったが，$\lambda = 2$ を推定したあと実際に用いた仮説 H_0' は

$$H_0': \ p_i = p_{i0} = \frac{2^{x_i}}{x_i!}e^{-2} \quad (i = 1, 2, 3, 4, 5)$$

であったことを注意しておこう． □

例 10.2 のような適合度検定は，コンピュータで生成する各種の分布の乱数の妥当性を調べるために用いられることも多い．

10.2　分割表

χ^2 検定のもう 1 つの考え方を述べよう．

実験や観測の結果が 2 つの属性に分かれているとき，一方が互いに排反な事象 $A_1, A_2, \cdots, A_k$ で，また他方が同じく排反な事象 $B_1, B_2, \cdots, B_l$ で網羅されるとし，n 個の標本をこれらの属性によって分類すると，表 10.6 のようにまとめることができる．この表を $\boldsymbol{k \times l}$ の分割表（contingency table）という．n_{ij} は属性 A, B が A_i, B_j となる度数であり，

表 10.6　$k \times l$ の分割表

属性 A ＼ 属性 B	B_1	B_2	$\cdots$	B_j	$\cdots$	B_l	計
A_1	n_{11}	n_{12}	$\cdots$	n_{1j}	$\cdots$	n_{1l}	$n_{1\cdot}$
A_2	n_{21}	n_{22}	$\cdots$	n_{2j}	$\cdots$	n_{2l}	$n_{2\cdot}$
$\vdots$	$\vdots$	$\vdots$		$\vdots$		$\vdots$	$\vdots$
A_i	n_{i1}	n_{i2}	$\cdots$	n_{ij}	$\cdots$	n_{il}	$n_{i\cdot}$
$\vdots$	$\vdots$	$\vdots$		$\vdots$		$\vdots$	$\vdots$
A_k	n_{k1}	n_{k2}	$\cdots$	n_{kj}	$\cdots$	n_{kl}	$n_{k\cdot}$
計	$n_{\cdot 1}$	$n_{\cdot 2}$	$\cdots$	$n_{\cdot j}$	$\cdots$	$n_{\cdot l}$	n

$$\begin{cases} n_{i\cdot} = \sum_{j=1}^{l} n_{ij}, \qquad n_{\cdot j} = \sum_{i=1}^{k} n_{ij} \\ n = \sum_{i=1}^{k} \sum_{j=1}^{l} n_{ij} = \sum_{i=1}^{k} n_{i\cdot} = \sum_{j=1}^{l} n_{\cdot j} \end{cases} \tag{10.6}$$

である．

いま

$$P(A_i \cap B_j) = p_{ij} \quad (i = 1, 2, \cdots, k;\ j = 1, 2, \cdots, l) \tag{10.7}$$

とすると，n 個の標本のうち属性が A_i であり，かつ B_j である期待度数（理論度数）は np_{ij} となるから，前節と同様に観測度数と理論度数との全体的な

偏差を

$$\chi^2 = \sum_{i=1}^{k} \sum_{j=1}^{l} \frac{(n_{ij} - np_{ij})^2}{np_{ij}} \tag{10.8}$$

で測ることができる．

確率変数 χ^2 は，充分大きな n の値のときは近似的に自由度 $kl-1$ の χ^2 分布をする．

そこで表 10.6 で，2 つの属性の間には何らかの関連があるかどうか，逆にいうと互いに独立であるかどうかということを検定することを考えてみる．仮説

$$H_0 : P(A_i \cap B_j) = P(A_i)P(B_j)$$

を立てて，

$$P(A_j) = p_{i\cdot}, \quad P(B_j) = p_{\cdot j} \quad (i = 1, 2, \cdots, k;\ j = 1, 2, \cdots, l) \tag{10.9}$$

と置くと，仮説はつぎのように書き換えることができる．

$$H_0 : p_{ij} = p_{i\cdot} p_{\cdot j} \tag{10.10}$$

ここに

$$\begin{cases} p_{i\cdot} = \sum_{j=1}^{l} p_{ij}, \quad p_{\cdot j} = \sum_{i=1}^{k} p_{ij} \\ \sum_{i=1}^{k} \sum_{j=1}^{l} p_{ij} = \sum_{i=1}^{k} p_{i\cdot} = \sum_{j=1}^{l} p_{\cdot j} = 1 \end{cases} \tag{10.11}$$

は当然成り立っている．

(10.10) 式の H_0 の下では (10.8) 式の p_{ij} を $p_{i\cdot}p_{\cdot j}$ で置き換えることができるが，もともと $p_{i\cdot}$ や $p_{\cdot j}$ は未知であるから，これらを

$$\hat{p}_{i\cdot} = \frac{n_{i\cdot}}{n}, \quad \hat{p}_{\cdot j} = \frac{n_{\cdot j}}{n} \tag{10.12}$$

で推定し，理論度数 np_{ij} を

$$\begin{aligned} n\hat{p}_{ij} = n\hat{p}_{i\cdot}\hat{p}_{\cdot j} &= n \times \frac{n_{i\cdot}}{n} \times \frac{n_{\cdot j}}{n} \\ &= \frac{n_{i\cdot} n_{\cdot j}}{n} \end{aligned} \tag{10.13}$$

で推定することにより，(10.8) 式の χ^2 の実現値を

$$\chi^2 = \sum_{i=1}^{k} \sum_{j=1}^{l} \frac{(n_{ij} - n_{i\cdot}n_{\cdot j}/n)^2}{n_{i\cdot}n_{\cdot j}/n} \tag{10.14}$$

で求めることができる．

ところで，これらの母数の推定の背景には条件

$$\sum_{i=1}^{k} \hat{p}_{i\cdot} = \sum_{j=1}^{l} \hat{p}_{\cdot j} = 1$$

がつけられているから，実際に推定する母数の個数は $k-1+l-1 = k+l-2$ 個であり，(10.8) 式の自由度がさらに $k+l-2$ 個減ることになり，χ^2 分布の自由度を ν とおくと

$$\nu = kl - 1 - (k+l-2) = (k-1)(l-1)$$

となる．

結局，検定方式は仮説（10.10）式の下で有意水準を α とするとき，

$$\begin{cases} \chi^2 > \chi_\nu^2(\alpha) & ならば \quad H_0 を棄却する \\ \chi^2 < \chi_\nu^2(\alpha) & ならば \quad H_0 を棄却できない \end{cases}$$

となる．このような検定のことを**独立性の検定**（test of independence）という．

例 10.3 ある種の商品の3つのブランドについて，男子 120 人，女子 80 人の計 200 人に自分の好みを調査したところ，つぎのような結果が得られたとする．このとき男女の性別によって，ブランドの好みに違いがあるといえるだろうか．

表10.7　ブランド調査の観測度数（人）

性別＼ブランド	1	2	3	計
男子	52	30	38	120
女子	26	33	21	80
計	78	63	59	200

分割表で見るかぎり，男子にはブランド1が好まれ，女子はブランド2を好んでいるように見受けられるがどうだろうか．男子，女子でブランドの好みに違いはないという仮説の下で検定してみよう．

理論度数 np_{ij} を（10.13）式から推定するとつぎのようになる．

表10.8 ブランド調査の推定した理論度数（人）

性別＼ブランド	1	2	3	計
男　子	46.8	37.8	35.4	120
女　子	31.2	25.2	23.6	80
計	78	63	59	200

したがって（10.14）式より

$$\chi^2 = \frac{(52-46.8)^2}{46.8} + \frac{(30-37.8)^2}{37.8} + \cdots + \frac{(21-23.6)^2}{23.6}$$
$$= 5.9457$$

が得られる．ここでの χ^2 分布の自由度は $(k-1)(l-1) = (2-1)(3-1) = 2$ であるから，有意水準を5％にとると結局

$$\chi^2 = 5.9457 < \chi_2^2(0.05) = 5.99$$

であり，このデータからは仮説を棄却できない．すなわち性別とブランドの好みとは関連がないと判断せざるを得ないことになる． □

つぎに属性 A がグループのような場合で A_1 と A_2 の2つに分類でき，それぞれについて他方の属性 B の分類が年令階級などによってあらかじめわかっているときを考えてみよう．

このときは表10.9のような $2 \times l$ の分割表になる．

そこで階級についての分布が属性 A に関係なく均一であるという仮説を立てて検定を行う．前と同様に，属性 A_i が階級 B に入る確率を

$$P(A_i \cap B_j) = p_{ij} \quad (i=1,2;\ j=1,2,\cdots,l)$$

表 10.9　$2 \times l$ の分割表

属性＼階級	B_1	B_2	$\cdots$	B_j	$\cdots$	B_l	計
A_1	n_{11}	n_{12}	$\cdots$	n_{1j}	$\cdots$	n_{1l}	a_1
A_2	n_{21}	n_{22}	$\cdots$	n_{2j}	$\cdots$	n_{2l}	a_2
計	b_1	b_2	$\cdots$	b_j	$\cdots$	b_l	n

とし，

$$P(A_i) = p_i, \quad P(B_j) = q_j \quad (i=1,2; \ j=1,2,\cdots,l)$$

とおくと，仮説を

$$H_0: \ p_{ij} = p_i q_j \tag{10.15}$$

と立てることができる．p_i および q_j を

$$\hat{p}_i = \frac{a_i}{n}, \quad \hat{q}_j = \frac{b_j}{n} \quad (i=1,2; \ j=1,2,\cdots,l) \tag{10.16}$$

で推定し，属性 A_i の標本が階級 B_j に入る理論度数 np_{ij} を

$$\begin{aligned} n\hat{p}_{ij} = n\hat{p}_i\hat{q}_j &= n \times \frac{a_i}{n} \times \frac{b_j}{n} \\ &= \frac{a_i b_j}{n} \end{aligned} \tag{10.17}$$

で推定することにより，(10.14) 式と同様な

$$\chi^2 = \sum_{j=1}^{l} \left\{ \frac{(n_{1j} - a_1 b_j/n)^2}{a_1 b_j/n} + \frac{(n_{2j} - a_2 b_j/n)^2}{a_2 b_j/n} \right\} \tag{10.18}$$

の値を求めることができる．したがって χ^2 分布の自由度が $\nu = l-1$ となることに注意すれば，独立性の検定と同じ検定方式で検定が行える．このような検定は**均一性の検定**（test of the same qualifications）と呼ばれている．

例 10.4　2 つの都市 A_1 と A_2 で，標本調査によって産業別就業者数を調べたところ，つぎのような結果が得られた．2 つの都市で就業者構造に違いがあるだろうか．

表10.10 2つの都市の産業別就業者数(人)

都市＼産業	第1次	第2次	第3次	計
A_1	38	50	112	200
A_2	42	44	64	150
計	80	94	176	350

就業者構造に違いがない(均一である)という仮説を立てて検定してみよう.理論度数 np_{ij} を推定すると表10.11のようになる.

表10.11 推定した理論度数(人)

都市＼産業	第1次	第2次	第3次	計
A_1	45.714	53.714	100.571	200
A_2	34.286	40.286	75.429	150
計	80	94	176	350

したがって (10.18) 式より χ^2 の値を求めると,

$$\chi^2 = \frac{(38-45.714)^2}{45.714} + \frac{(42-34.286)^2}{34.286} + \cdots + \frac{(64-75.429)^2}{75.429}$$
$$= 6.6671$$

が得られる.χ^2 分布の自由度は $l-1=3-1=2$ であり,有意水準を 5% にとると

$$\chi^2 = 6.6671 > \chi_2^2(0.05) = 5.99$$

となるから,仮説は棄却される.すなわち2つの都市での産業別就業者の構造には違いがあると結論される.□

演 習 問 題

[問 10.1] サイコロを 120 回振って 1 から 6 までの目の出た回数を調べたところ，つぎのようになった．このサイコロは正常であるといえるか．5%の有意水準で検定せよ．

サイコロの目	1	2	3	4	5	6
回 数	27	18	24	16	15	20

[問 10.2] Weldon はサイコロ 12 個を投げる実験を全部で 26306 回行い，各回で 5 または 6 の目の出た回数を調べて右の結果を得た．このサイコロは正常であるといえるか．1%の有意水準で検定せよ．

5 または 6 の目の出た回数	度数
0	185
1	1149
2	3265
3	5475
4	6114
5	5194
6	3067
7	1331
8	403
9	105
10	14
11	4
12	0
計	26306

[問 10.3] ある文書の中の 100 頁分について間違い個数を調べたところ，つぎのような結果になった．間違い個数はポアソン分布に従っているといえるだろうか．5%有意水準で検定せよ．

間違いの個数	0	1	2	3	4	5	6	計
頁	36	40	19	2	0	2	1	100

[問 10.4] つぎのデータは，ある病気のために新しく開発された薬の効果を 130 人の患者について調べた結果である．薬の効果があったと見なしていいかどうか検定せよ．

	治った患者	治らなかった患者
薬を投与した患者	77	13
薬を投与しなかった患者	26	14

[問 10.5] ある市で 1500 人の市民に市政に関するアンケート調査をしたところ，つぎのような結果が得られた．年令層によって市政に対する意見の違いがあるといえるだろうか．有意水準 5% で検定せよ．

	20〜34 歳	34〜54 歳	54 歳以上	計
支持する	160	189	70	419
支持しない	36	52	28	116
無回答	380	420	165	965
計	576	661	263	1500

[問 10.6] 2 つのクラスの統計学の成績が，つぎのような結果になった．成績の分布はクラスによって違いがあるといえるだろうか．有意水準 5% で検定せよ．

	A	B	C	D	計
クラス 1	24	39	27	10	100
クラス 2	19	34	32	15	100
計	43	73	59	25	200

付　章

この付章では，本書で使われる数学の基本事項の中で，最低限必要な内容についてまとめておく．

A.1 ギリシャ文字

統計学やその他多くの自然科学の分野において，ギリシャ文字が用いられる場面が多く存在する．以下にギリシャ文字と読み方，英語表記の一覧表を示す．

表 A.1　ギリシャ文字の表記と読み方

ギリシャ文字(大文字)	ギリシャ文字(小文字)	読み	英語表記	ギリシャ文字(大文字)	ギリシャ文字(小文字)	読み	英語表記
A	α	アルファ	alpha	N	ν	ニュー	nu
B	β	ベータ	beta	Ξ	ξ	グザイ	xi
Γ	γ	ガンマ	gamma	O	o	オミクロン	omicron
Δ	δ	デルタ	delta	Π	π	パイ	pi
E	ϵ	イプシロン	epsilon	P	ρ	ロー	rho
Z	ζ	ゼータ	zeta	Σ	σ	シグマ	sigma
H	η	イータ	eta	T	τ	タウ	tau
Θ	θ	シータ	theta	Y	υ	ウプシロン	upsilon
I	ι	イオタ	iota	Φ	ϕ	ファイ	phi
K	κ	カッパ	kappa	X	χ	カイ	chi
Λ	λ	ラムダ	lambda	Ψ	ψ	プサイ	psi
M	μ	ミュー	mu	Ω	ω	オメガ	omega

A.2 集合

3.2 節では確率の概念を考える上で事象という考え方が出てくるが，事象とは起こりうる出来事の集合として扱われる．ここでは集合に関する基礎事項についておさらいしておこう．

集合と要素

集合とはある特定の条件を満たすものすべての集まりを意味し，その集合に属すか属さないかを明確に定めることができるもののみを考える．

集合を構成している個々のものをその集合の要素または元と呼ぶ．一般に集合はアルファベットの大文字（A, B, C, $\cdots$），集合の要素は小文字（a, b, c, $\cdots$）で表すことが多い．a が集合 A の要素であることを $a \in A$ または $A \ni a$ と表して，「a は集合 A に属する」または，「a は集合 A に含まれる」という．また，a が集合 A の要素ではないことを $a \notin A$ または $A \not\ni a$ と表し，「a は集合 A に属さない」または，「a は集合 A に含まれない」という．

集合の要素の個数が有限の場合を有限集合，無限の場合を無限集合と呼ぶ．例えば，「1 から 10 までの偶数からなる集合」は有限集合であるが，「すべての偶数からなる集合」は無限集合である．また，ただ1つの要素からなる集合や要素の数が0個の集合，すなわち要素を1つも含まない集合を考えることもある．この要素を1つも含まない集合を空集合と呼び，一般に ϕ で表す．

集合の表し方

集合の表し方には，
 (1) 集合を構成する要素をすべて列挙する方法
 (2) 集合を構成する要素が満たす条件を示す方法
の2通りがある．

たとえば，1 から 10 までの偶数からなる集合を A と書くとすると，(1) の方法では
$$A = \{2, 4, 6, 8, 10\},$$
(2) の方法では
$$A = \{x \mid x \text{ は 1 から 10 までの偶数}\},$$
または，
$$A = \{2x \mid 1 \leq x \leq 5, x \text{ は自然数}\},$$
のように表されることになる．

集合の包含関係

2つの集合 A と B を考える．A の要素のすべてが B の要素となっているとき，集合 A は集合 B に含まれるといい，$A \subseteq B$（または $B \supseteq A$）と表す．

このとき，A は B の部分集合であるともいう．

A と B の要素が完全に一致している場合，集合 A と集合 B は等しいといい $A = B$ と表す．このとき，$A \subseteq B$ かつ $A \supseteq B$ が成り立っている．

$A \subseteq B$ であって $A \neq B$ であるときを特に $A \subset B$ と表し，A は B の真部分集合であるという．

和集合と積集合

2 つの集合 A と B について，A と B のいずれか一方または両方に属する要素のすべてからなる集合を和集合と呼び $A \cup B$ と表す．また，A と B の両方に属する要素のすべてからなる集合を積集合と呼び $A \cap B$ と表す．

すなわち，
$$A \cup B = \{x|\ x \in A \text{ または } x \in B\}$$
$$A \cap B = \{x|\ x \in A \text{ かつ } x \in B\}$$
である．

全体集合と補集合

ある問題を考えるとき，考えられるすべての対象を要素としてもつ集合を全体集合という．全体集合は一般的に U, I, Ω などで表されることが多い．

いま，全体集合 Ω に集合 A が含まれているとする．このとき，Ω に属しているが A に属していない要素のすべてからなる集合を補集合といい，一般的に $\bar{A}$, A', A^C のように表される．

A.3 Σ 記号と Π 記号

第 2 章の算術平均や平均偏差，分散を求める計算式を始め，本書の多くの部分に Σ（シグマ）が用いられた数式が登場する．ここでは Σ の計算の意味についてまとめておく．

いま，5 個の数値データ x_1, x_2, x_3, x_4, x_5 が与えられているとする．たとえば，サイコロを 5 回振った時の出た目が順番に 2，4，6，1，3 であったとすると，x_1 は 1 回目の目である 2 を，x_2 は 2 回目の目である 4 を，同様に x_3, x_4, x_5 はそれぞれ 3，4，5 回目の目である 6，1，3 を表していると考えればよい．

このとき，5個のデータの値の総和を S_5 と書くと，

$$S_5 = x_1 + x_2 + x_3 + x_4 + x_5$$

となる．サイコロの例でいえば，

$$S_5 = x_1 + x_2 + x_3 + x_4 + x_5 = 2 + 4 + 6 + 1 + 3 = 16$$

である．

次に，100個のデータ $x_1, x_2 \cdots, x_{100}$ が与えられている場合を考えよう．このとき100個のデータの総和 S_{100} を求める式は

$$S_{100} = x_1 + x_2 + x_3 + x_4 + x_5 + \cdots + x_{98} + x_{99} + x_{100}$$

となるが，すべてを書いていては煩雑になってしまう．

また，一般的に n 個のデータ $x_1, x_2, \cdots, x_n$ を扱うような場合にも，n 個のデータの総和 S_n は，

$$S_n = x_1 + x_2 + x_3 + x_4 + x_5 + \cdots + x_{n-2} + x_{n-1} + x_n$$

としてしか表すことができない．

このような場合に Σ を用いることによって数式を簡潔に記述することができる．S_5 の計算を Σ を使って書き換えると

$$S_5 = x_1 + x_2 + x_3 + x_4 + x_5$$
$$= \sum_{i=1}^{5} x_i$$

となる．これは，x_i の i を1から5まで増やすことによって得られる，x_1, x_2, x_3, x_4, x_5 について総和を求めることを意味している．

同様にして，

$$S_{100} = x_1 + x_2 + x_3 + x_4 + x_5 + \cdots + x_{98} + x_{99} + x_{100}$$
$$= \sum_{i=1}^{100} x_i$$
$$S_n = x_1 + x_2 + x_3 + x_4 + x_5 + \cdots + x_{n-2} + x_{n-1} + x_n$$
$$= \sum_{i=1}^{n} x_i$$

と表される．

添え字に使われる記号は特に i である必要はない．たとえば，

$$S_5 = x_1 + x_2 + x_3 + x_4 + x_5$$
$$= \sum_{i=1}^{5} x_i$$
$$= \sum_{k=1}^{5} x_k$$
$$= \sum_{\delta=1}^{5} x_\delta$$

はすべて同じ意味として使われる．

添え字は必ずしも 1 から始まって最大の数まで増加させるとは限らない．たとえば，

$$\sum_{i=3}^{6} x_i = x_3 + x_4 + x_5 + x_6$$
$$\sum_{i=0}^{n-10} x_i = x_0 + x_1 + x_2 + \cdots + x_{n-12} + x_{n-11} + x_{n-10}$$
$$\sum_{i=p}^{q} x_i = x_p + x_{p+1} + x_{p+2} + \cdots + x_{q-2} + x_{q-1} + x_q \quad (ただし，p < q とする)$$

などが考えられる．

また，Σ 記号の右側が単に x_i ではなく，複雑な式になる場合も考えられる．たとえば，

$$\sum_{i=1}^{n} 2x_i = 2x_1 + 2x_2 + \cdots + 2x_{n-1} + 2x_n$$
$$\sum_{i=1}^{n} x_i^2 = x_1^2 + x_2^2 + \cdots + x_{n-1}^2 + x_n^2$$
$$\sum_{i=1}^{n} (3x_i + 2) = (3x_1 + 2) + (3x_2 + 2) \cdots + (3x_{n-1} + 2) + (3x_n + 2)$$

などである．サイコロの例（$x_1 = 2, \ x_2 = 4, \ x_3 = 6, \ x_4 = 1, \ x_5 = 3$）を

これらの式にあてはめると，

$$\sum_{i=1}^{5} 2x_i = 2\cdot 2 + 2\cdot 4 + 2\cdot 6 + 2\cdot 1 + 2\cdot 3 = 32$$

$$\sum_{i=1}^{5} x_i^2 = 2^2 + 4^2 + 6^2 + 1^2 + 3^2 = 66$$

$$\sum_{i=1}^{5} (3x_i + 2) = (3\cdot 2 + 2) + (3\cdot 4 + 2) + (3\cdot 6 + 2) + (3\cdot 1 + 2) + (3\cdot 3 + 2)$$
$$= 58$$

となる．

なお，総和を計算する範囲が自明な場合には Σ 記号の上下の記号を省略して

$$\sum x_i$$

のように表すこともある．

Σ 記号を用いることによって，多数のデータの総和を計算する式が簡潔に記述できることを述べてきた．これと同じ考え方を掛け算に用いたものが Π 記号の演算である．すなわち，

$$\prod_{i=1}^{n} x_i = x_1 \times x_2 \times \cdots \times x_n$$

である．

A.4 指数関数の定義

5.2 節のポアソン分布の説明の中で指数関数が出てくる．指数関数 e^x は以下のように定義される．

$$\lim_{n\to\infty} \left(1 + \frac{x}{n}\right)^n = e^x$$

ただし，e は自然対数の底と呼ばれる定数で $e = 2.718282\cdots$ である．

A.5 マクローリン展開

5.2 節のポアソン分布の説明の中に出てくるマクローリン展開について簡単に触れておく．関数 $f(x)$ が無限回微分可能であるとすると，ある条件の下で $f(x)$ は次のようにべきの形の無限級数に展開することができる．

$$f(x) = f(0) + \frac{f'(0)}{1!}x + \frac{f''(0)}{2!}x^2 + \cdots + \frac{f^{(n)}(0)}{n!}x^n + \cdots$$
$$= \sum_{k=0}^{\infty} \frac{f^{(k)}(0)}{k!} x^k$$

これはマクローリン展開と呼ばれる．

例えば

$$f(x) = e^x$$

とすると $n = 0, 1, 2, 3, \cdots$ について

$$f^{(n)}(x) = e^x$$

であるから，

$$f^{(n)}(0) = e^0 = 1$$

となり，指数関数のマクローリン展開

$$f(x) = e^x = 1 + \frac{1}{1!}x + \frac{1}{2!}x^2 + \frac{1}{3!}x^3 + \cdots + \frac{1}{n!}x^n + \cdots$$
$$= \sum_{n=0}^{\infty} \frac{1}{n!} x^n$$

が導ける．

付　表

付表 I：e^{-x} の値

x	e^{-x}	x	e^{-x}	x	e^{-x}	x	e^{-x}
0.0	1.00000						
0.1	0.90484	2.6	0.07427	5.1	0.00610	7.6	0.00050
0.2	0.81873	2.7	0.06721	5.2	0.00552	7.7	0.00045
0.3	0.74082	2.8	0.06081	5.3	0.00499	7.8	0.00041
0.4	0.67032	2.9	0.05502	5.4	0.00452	7.9	0.00037
0.5	0.60653	3.0	0.04979	5.5	0.00409	8.0	0.00034
0.6	0.54881	3.1	0.04505	5.6	0.00370	8.1	0.00030
0.7	0.49659	3.2	0.04076	5.7	0.00335	8.2	0.00027
0.8	0.44933	3.3	0.03688	5.8	0.00303	8.3	0.00025
0.9	0.40657	3.4	0.03337	5.9	0.00274	8.4	0.00022
1.0	0.36788	3.5	0.03020	6.0	0.00248	8.5	0.00020
1.1	0.33287	3.6	0.02732	6.1	0.00224	8.6	0.00018
1.2	0.30119	3.7	0.02472	6.2	0.00203	8.7	0.00017
1.3	0.27253	3.8	0.02237	6.3	0.00184	8.8	0.00015
1.4	0.24660	3.9	0.02024	6.4	0.00166	8.9	0.00014
1.5	0.22313	4.0	0.01832	6.5	0.00150	9.0	0.00012
1.6	0.20190	4.1	0.01657	6.6	0.00136	9.1	0.00011
1.7	0.18268	4.2	0.01500	6.7	0.00123	9.2	0.00010
1.8	0.16530	4.3	0.01357	6.8	0.00111	9.3	0.00009
1.9	0.14957	4.4	0.01228	6.9	0.00101	9.4	0.00008
2.0	0.13534	4.5	0.01111	7.0	0.00091	9.5	0.00007
2.1	0.12246	4.6	0.01005	7.1	0.00083	9.6	0.00007
2.2	0.11080	4.7	0.00910	7.2	0.00075	9.7	0.00006
2.3	0.10026	4.8	0.00823	7.3	0.00068	9.8	0.00006
2.4	0.09072	4.9	0.00745	7.4	0.00061	9.9	0.00005
2.5	0.08208	5.0	0.00674	7.5	0.00055	10.0	0.00005

付表 II：標準正規分布表

z	0.00	0.01	0.02	0.03	0.04	0.05	0.06	0.07	0.08	0.09
0.0	.00000	.00399	.00798	.01197	.01595	.01994	.02392	.02790	.03188	.03586
0.1	.03983	.04380	.04776	.05172	.05567	.05962	.06356	.06749	.07142	.07535
0.2	.07926	.08317	.08706	.09095	.09483	.09871	.10257	.10642	.11026	.11409
0.3	.11791	.12172	.12552	.12930	.13307	.13683	.14058	.14431	.14803	.15173
0.4	.15542	.15910	.16276	.16640	.17003	.17364	.17724	.18082	.18439	.18793
0.5	.19146	.19497	.19847	.20194	.20540	.20884	.21226	.21566	.21904	.22240
0.6	.22575	.22907	.23237	.23565	.23891	.24215	.24537	.24857	.25175	.25490
0.7	.25804	.26115	.26424	.26730	.27035	.27337	.27637	.27935	.28230	.28524
0.8	.28814	.29103	.29389	.29673	.29955	.30234	.30511	.30785	.31057	.31327
0.9	.31594	.31859	.32121	.32381	.32639	.32894	.33147	.33398	.33646	.33891
1.0	.34134	.34375	.34614	.34849	.35083	.35314	.35543	.35769	.35993	.36214
1.1	.36433	.36650	.36864	.37076	.37286	.37493	.37698	.37900	.38100	.38298
1.2	.38493	.38686	.38877	.39065	.39251	.39435	.39617	.39796	.39973	.40147
1.3	.40320	.40490	.40658	.40824	.40988	.41149	.41309	.41466	.41621	.41774
1.4	.41924	.42073	.42220	.42364	.42507	.42647	.42785	.42922	.43056	.43189
1.5	.43319	.43448	.43574	.43699	.43822	.43943	.44062	.44179	.44295	.44408
1.6	.44520	.44630	.44738	.44845	.44950	.45053	.45154	.45254	.45352	.45449
1.7	.45543	.45637	.45728	.45818	.45907	.45994	.46080	.46164	.46246	.46327
1.8	.46407	.46485	.46562	.46638	.46712	.46784	.46856	.46926	.46995	.47062
1.9	.47128	.47193	.47257	.47320	.47381	.47441	.47500	.47558	.47615	.47670
2.0	.47725	.47778	.47831	.47882	.47932	.47982	.48030	.48077	.48124	.48169
2.1	.48214	.48257	.48300	.48341	.48382	.48422	.48461	.48500	.48537	.48574
2.2	.48610	.48645	.48679	.48713	.48745	.48778	.48809	.48840	.48870	.48899
2.3	.48928	.48956	.48983	.49010	.49036	.49061	.49086	.49111	.49134	.49158
2.4	.49180	.49202	.49224	.49245	.49266	.49286	.49305	.49324	.49343	.49361
2.5	.49379	.49396	.49413	.49430	.49446	.49461	.49477	.49492	.49506	.49520
2.6	.49534	.49547	.49560	.49573	.49585	.49598	.49609	.49621	.49632	.49643
2.7	.49653	.49664	.49674	.49683	.49693	.49702	.49711	.49720	.49728	.49736
2.8	.49744	.49752	.49760	.49767	.49774	.49781	.49788	.49795	.49801	.49807
2.9	.49813	.49819	.49825	.49831	.49836	.49841	.49846	.49851	.49856	.49861
3.0	.49865	.49869	.49874	.49878	.49882	.49886	.49889	.49893	.49896	.49900
3.1	.49903	.49906	.49901	.49913	.49916	.49918	.49921	.49924	.49926	.49929
3.2	.49931	.49934	.49936	.49938	.49940	.49942	.49944	.49946	.49948	.49950
3.3	.49952	.49953	.49955	.49957	.49958	.49960	.49961	.49962	.49964	.49965
3.4	.49966	.49968	.49969	.49970	.49971	.49972	.49973	.49974	.49975	.49976

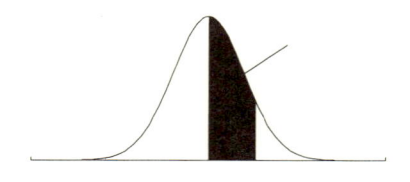

付図　正規分布

付表III：χ^2分布表

α \ n	0.995	0.990	0.975	0.950	0.900	0.100	0.050	0.025	0.010	0.005
1	0.0000	0.0002	0.001	0.004	0.016	2.71	3.84	5.02	6.63	7.88
2	0.010	0.020	0.051	0.103	0.211	4.61	5.99	7.38	9.21	10.60
3	0.072	0.115	0.216	0.352	0.584	6.25	7.81	9.35	11.34	12.84
4	0.207	0.297	0.484	0.711	1.064	7.78	9.49	11.14	13.28	14.86
5	0.412	0.554	0.831	1.145	1.610	9.24	11.07	12.83	15.09	16.75
6	0.676	0.872	1.237	1.635	2.20	10.64	12.59	14.45	16.81	18.55
7	0.989	1.239	1.690	2.17	2.83	12.02	14.07	16.01	18.48	20.3
8	1.344	1.646	2.18	2.73	3.49	13.36	15.51	17.53	20.1	22.0
9	1.735	2.09	2.70	3.33	4.17	14.68	16.92	19.02	21.7	23.6
10	2.16	2.56	3.25	3.94	4.87	15.99	18.31	20.5	23.2	25.2
11	2.60	3.05	3.82	4.57	5.58	17.28	19.68	21.9	24.7	26.8
12	3.07	3.57	4.40	5.23	6.30	18.55	21.0	23.3	26.2	28.3
13	3.57	4.11	5.01	5.89	7.04	19.81	22.4	24.7	27.7	29.8
14	4.07	4.66	5.63	6.57	7.79	21.1	23.7	26.1	29.1	31.3
15	4.60	5.23	6.26	7.26	8.55	22.3	25.0	27.5	30.6	32.8
16	5.14	5.81	6.91	7.96	9.31	23.5	26.3	28.8	32.0	34.3
17	5.70	6.41	7.56	8.67	10.09	24.8	27.6	30.2	33.4	35.7
18	6.26	7.01	8.23	9.39	10.86	26.0	28.9	31.5	34.8	37.2
19	6.84	7.63	8.91	10.12	11.65	27.2	30.1	32.9	36.2	38.6
20	7.43	8.26	9.59	10.85	12.44	28.4	31.4	34.2	37.6	40.0
21	8.03	8.90	10.28	11.59	13.24	29.6	32.7	35.5	38.9	41.4
22	8.64	9.54	10.98	12.34	14.04	30.8	33.9	36.8	40.3	42.8
23	9.26	10.20	11.69	13.09	14.85	32.0	35.2	38.1	41.6	44.2
24	9.89	10.86	12.40	13.85	15.66	33.2	36.4	39.4	43.0	45.6
25	10.52	11.52	13.12	14.61	16.47	34.4	37.7	40.6	44.3	46.9
26	11.16	12.20	13.84	15.38	17.29	35.6	38.9	41.9	45.6	48.3
27	11.81	12.88	14.57	16.15	18.11	36.7	40.1	43.2	47.0	49.6
28	12.46	13.56	15.31	16.93	18.94	37.9	41.3	44.5	48.3	51.0
29	13.12	14.26	16.05	17.71	19.77	39.1	42.6	45.7	49.6	52.3
30	13.79	14.95	16.79	18.49	20.6	40.3	43.8	47.0	50.9	53.7
40	20.7	22.2	24.4	26.5	29.1	51.8	55.8	59.3	63.7	66.8
60	35.5	37.5	40.5	43.2	46.5	74.4	79.1	83.3	88.4	92.0
80	51.2	53.5	57.2	60.4	64.3	96.6	101.9	106.6	112.3	116.3
100	67.3	70.1	74.2	77.9	82.4	118.5	124.3	129.6	135.8	140.2
120	83.9	86.9	91.6	95.7	100.6	140.2	146.6	152.2	159.	163.6

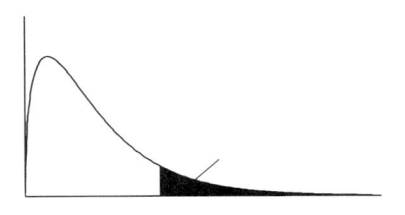

付図　χ^2分布の上側100α%点

付表IV：t 分布表

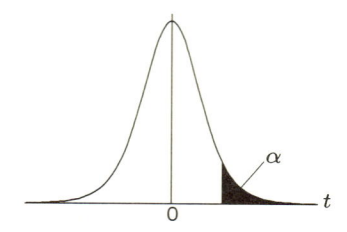

α \ n	0.2500	0.1250	0.1000	0.0500	0.0250	0.125	0.0100	0.0050
1	1.000	2.414	3.078	6.314	12.706	25.452	31.821	63.657
2	0.816	1.604	1.886	2.920	4.303	6.205	6.965	9.925
3	0.765	1.423	1.638	2.353	3.182	4.177	4.541	5.841
4	0.741	1.344	1.533	2.132	2.776	3.495	3.747	4.604
5	0.727	1.301	1.476	2.015	2.571	3.163	3.365	4.032
6	0.718	1.273	1.440	1.943	2.447	2.969	3.143	3.707
7	0.711	1.254	1.415	1.895	2.365	2.841	2.998	3.499
8	0.706	1.240	1.397	1.860	2.306	2.752	2.896	3.355
9	0.703	1.230	1.383	1.833	2.262	2.685	2.821	3.250
10	0.700	1.221	1.372	1.812	2.228	2.634	2.764	3.169
11	0.697	1.214	1.363	1.796	2.201	2.593	2.718	3.106
12	0.695	1.209	1.356	1.782	2.179	2.560	2.681	3.055
13	0.694	1.204	1.350	1.771	2.160	2.533	2.650	3.012
14	0.692	1.200	1.345	1.761	2.145	2.510	2.624	2.977
15	0.691	1.197	1.341	1.753	2.131	2.490	2.602	2.947
16	0.690	1.194	1.337	1.746	2.120	2.473	2.583	2.921
17	0.689	1.191	1.333	1.740	2.110	2.458	2.567	2.898
18	0.688	1.189	1.330	1.734	2.101	2.445	2.552	2.878
19	0.688	1.187	1.328	1.729	2.093	2.433	2.539	2.861
20	0.687	1.185	1.325	1.725	2.086	2.423	2.528	2.845
21	0.686	1.183	1.323	1.721	2.080	2.414	2.518	2.831
22	0.686	1.182	1.321	1.717	2.074	2.405	2.508	2.819
23	0.685	1.180	1.319	1.714	2.069	2.398	2.500	2.807
24	0.685	1.179	1.318	1.711	2.064	2.391	2.492	2.797
25	0.684	1.178	1.316	1.708	2.060	2.385	2.485	2.787
26	0.684	1.177	1.315	1.706	2.056	2.379	2.479	2.779
27	0.684	1.176	1.314	1.703	2.052	2.373	2.473	2.771
28	0.683	1.175	1.313	1.701	2.048	2.368	2.467	2.763
29	0.683	1.174	1.311	1.699	2.045	2.364	2.462	2.756
30	0.683	1.173	1.310	1.697	2.042	2.360	2.457	2.750
40	0.681	1.167	1.303	1.684	2.021	2.329	2.423	2.704
60	0.679	1.162	1.296	1.671	2.000	2.299	2.390	2.660
80	0.678	1.159	1.292	1.664	1.990	2.284	2.374	2.639
120	0.677	1.156	1.289	1.658	1.980	2.270	2.358	2.617
∞	0.674	1.150	1.282	1.645	1.960	2.241	2.326	2.576

付図　t 分布の上側 100α%点

演習問題略解

第 2 章

2.1

回数	度数	相対度数	累積相対度数
0	3	0.06	0.06
1	6	0.12	0.18
2	11	0.22	0.40
3	19	0.38	0.78
4	10	0.20	0.98
5	1	0.02	1.00
合計	50		

2.2

階級 i	下限 l	$< x \leq$	上限 u	度数 f
1			53.0	1
2	53.0		60.0	2
3	60.0		67.0	5
4	67.0		74.0	10
5	74.0		81.0	9
6	81.0			3
			合計	30

2.3 平均 13.1, 分散 17.29, 中央値 14.0.

2.4 $\bar{x} = 72.2, s_x = 9.6$

$[\bar{x} - s_x, \bar{x} + s_x]$ の個数 22 個 73.3%

$[\bar{x} - 2s_x, \bar{x} + 2s_x]$ の個数 28 個 93.3%

$[\bar{x} - 3s_x, \bar{x} + 3s_x]$ の個数 30 個 100%

2.5 平均 50.1, 分散 20.44, 標準偏差 4.5.

第 3 章

3.1 (1) 30　(2) 151200　(3) 70　(4) 45.

3.2 省略

3.3 (1) $_{10}P_4 = 5040$　(2) $10^4 = 10000$.

3.4 $_{12}C_3 \times _9C_3 \times _6C_3 = 369600$ 通り.

3.5 $_{10}C_6 = 210$ 通り.

3.6 (1) 1/2　(2) 1/52　(3) 3/52

3.7 $_{10}C_5 = 252$, $_6C_3 \times {}_4C_2 = 120$, $120/252 = 10/21$.

3.8 $_3C_2/{}_8C_2 = 3/28 = 0.107$

3.9 (1) 13/50 (2) 12/50 (3) 0 (4) 7/50 (5) 18/50 (6) 43/50.

3.10 (1) 1/6 (2) 1/12 (3) 1/4 (4) 5/6 (5) 1/2.

第 4 章

4.1 (1) 平均 2, 分散 1.5 (2) 平均 4.9, 分散 0.65.

4.2 $\sum xp(x) = 4500/10 = 450$ (円).

4.3 $E(X) = \sum xp(x) = 15/5 = 3$,
$E(X^2) = \sum x^2 p(x) = 55/5 = 11$,
$E[(X+2)^2] = E(X^2 + 4X + 4) = E(X^2) + 4E(X) + 4 = 11 + 4 \cdot 3 + 4 = 27$.

4.4 (1) 1/15.
(2)

x	1	2	3	4	5
$p(x)$	1/15	2/15	3/15	4/15	5/15

(3) 平均 11/3,　分散 $15 - (11/3)^2 = 14/9$.

4.5 $\mu = \int_0^1 xf(x)dx = \int_0^1 xdx = \left[\frac{1}{2}x^2\right]_0^1 = \frac{1}{2}$,
$\sigma^2 = \int_0^1 x^2 f(x)dx = \int_0^1 xdx - \mu^2 = \left[\frac{1}{3}x^3\right]_0^1 - \mu^2 = \frac{1}{12}$.

4.6 $F(x) = 0 \ (x \leq 0)$,
$= \int_0^x f(x)dx = \int_0^x \frac{x^2}{9}dx = \frac{x^3}{27} \ (0 < x < 3)$,
$= 1 \ (3 \geq x)$,
$Pr\left\{X \leq \frac{1}{2}\right\} = \frac{1}{27} \cdot \left(\frac{1}{2}\right)^3 = \frac{1}{216}$.

4.7

x	$-a$	500
$p(x)$	0.989	0.011

より, 期待値 $5.5 - 0.989a$ が 0 でなければならないから, $a = 5.56$ 万円.

第 5 章

5.1 $p(x) = {}_4C_x 0.8^x 0.2^{4-x} \ (x = 0, 1, 2, 3, 4)$,
$p(0) = 0.2^4 = 0.0016$ として (5.10) 式を用いよ. 平均 $4 \times 0.8 = 3.2$, 分散 0.64.

5.2 $p(x) = 4^x e^{-4}/x! \ (x = 0, 1, 2, \cdots)$,
$p(0) = e^{-4} = 0.01832$ として (5.20) 式を用いよ.

5.3 $p(x) = 0.5^x e^{-0.5}/x!$ であり
$Pr\{X \geq 3\} = 1 - Pr\{0 \leq x \leq 2\} = 1 - \{p(0) + p(1) + p(2)\} = 0.0144$.

5.4 $\lambda = np = 200 \times 0.015 = 3$ のポアソン分布で近似すると, 表 5.2 より,
$\sum_{x=0}^{3} p(x) = 0.64723$.

5.5 $\lambda = np = 30000 \times 0.0001 = 3$ のポアソン分布で近似すると $p(x) = 3^x e^{-3}/x!$.
$Pr\{X \geq 5\} = 1 - Pr\{0 \leq x \leq 4\} = 1 - \sum_{x=0}^{4} p(x) = 1 - (0.050 + 0.149 + 0.224 + 0.224 + 0.168) = 1 - 0.815 = 0.185$.

5.6 (1) 0.68268 (2) 0.94950 (3) 0.9651 (4) 0.97725.

5.7 (1) 0.43319 (2) 0.19146 (3) 0.28579   (4) 0.04457 (5) 0.11507 (6) 0.34366.

5.8 A: 76 点以上,　D: 52 点以下.

5.9 $(60-50)/10 = 1$, $(80-60)/\sigma = 1$ より $\sigma = 20$ 点.

5.10 標準化した値（z 値）を計算してみると，国語が 0.88 と一番高い.

第 6 章

6.1 10 個の数の丸め誤差を X_i とすると，$E(X_i) = 0$, $Var(X_i) = 1/12$ である．したがって，10 個の数の和の丸め誤差 $Y = \sum_{i=1}^{10} X_i$ については
$E(Y) = E(\sum_{i=1}^{10} X_i) = \sum_{i=1}^{10} E(X_i) = 0$,
$Var(Y) = Var(\sum_{i=0}^{10} X_i) = \sum_{i=0}^{10} Var(X_i) = 10/12 = 5/6$.

6.2 $E(U_i) = 1/2$, $Var(U_i) = 1/12$ である．したがって中心極限定理を適用すると
$\bar{U} = \sum_{i=1}^{n} U_i/n \sim N(1/2, 1/12n)$
$Z = (\sum_{i=1}^{n} U_i/n - 1/2)/\sqrt{1/12n} \sim N(0, 1^2)$,
となるから，$n = 12$ にとると
$Z = \sum_{i=1}^{12} U_i - 6 \sim N(0, 1^2)$.

6.3 平均 64，分散 $5^2/30$,
$Pr\{|\bar{X} - 64| < 2\} = 0.97148$.

6.4 $p(x) = {}_{10}C_x(1/3)^x(2/3)^{10-x}$ より，$p(2) + p(3) + p(4) = 0.6828$.
一方，正規近似では $\mu = 10/3$, $\sigma^2 = 20/9$ であり，
$Pr\{2 \leq X \leq 4\} \fallingdotseq Pr\{-1.22 < Z < 0.78\} = 0.67107$.

6.5 平均 $\mu = np = 100/3$, 分散 $\sigma^2 = np(1-p) = 250/9$ の正規分布で近似する.

第 7 章

7.1 21 ± 0.82.

7.2 $20 \pm 9.8/\sqrt{200}$.

7.3 140 ± 1.148.

7.4 101.5 ± 7.2　（小標本）.

7.5 $\bar{X} \sim N(\mu, 3^2/n)$ であるから，
$Pr\left\{\left|\dfrac{\bar{X} - \mu}{3/\sqrt{n}}\right| < 1.96\right\} = 0.95$ より
$1.96 \times 3/\sqrt{n} \leq 0.05$, $n \geq \left(\dfrac{1.96 \times 3}{0.05}\right)^2 = 13829.76$
したがって，$n = 13830$.

7.6 正規近似より $Pr\{|p'-p| < 1.64\sqrt{p(1-p)/n}\} = 0.90$.
したがって，$1.64\sqrt{p(1-p)/n} \leq 0.01$，すなわち $n \geq \left(\dfrac{1.64}{0.01}\right)^2 p(1-p)$ となる．
$0 \leq p \leq 1$ より $p(1-p)$ の最大値は $1/4$ であるから $n \geq 26896 \times 1/4 = 6724$ となり，少なくとも 6724 人に調査すればいい．

7.7 95%信頼区間：0.262 ± 0.0175.
90%信頼区間：0.262 ± 0.0146.

7.8 0.567 ± 0.079.

7.9 $\sum(x_i - \hat{x})^2 = 922.5$ であるから
$[922.5/16.92,\ 922.5/3.33] = [54.52,\ 277.03]$.

7.10 $n = 10$ $[2.07,\ 10.51]$, $\quad n = 15$ $[1.27,\ 4.57]$
$n = 20$ $[1.33,\ 3.95]$, $\quad n = 25$ $[1.24,\ 3.25]$

第 8 章

8.1 棄却できない．

8.2 棄却できない．

8.3 棄却される．

8.4 仮説 $H_0: \mu_A = \mu_B$, $H_1: \mu_A < \mu_B$ を立てると有意水準 1%で棄却される．したがって消費量には差がある．

8.5 仮説 $H_0: p = 1/6$, $H_1: p > 1/6$ を立てると有意水準 5%のとき棄却され，サイコロは正常ではないといえる．有意水準 1%では棄却できないので，サイコロが正常でないとは認められない．

8.6 棄却できない．

8.7 棄却される．

第 9 章

9.1 $r = 0.939$
$y = 1.210x - 8.890$.

9.2 $l_1 = 1.186$, $l_2 = 1.758$ で $z = 1.188$ となるから $z > l_2$ より H_0 は棄却される．

第 10 章

10.1 $\chi^2 = 5.5$. 自由度 $k - r - 1 = 5$ の χ^2 分布の上側 5%点は $\chi_5^2(0.05) = 11.07$. $\chi^2 < 11.07$ より仮説を棄却できない．

10.2 最後の 3 つをまとめると $\chi^2 = 35.5$. 自由度 10 の χ^2 分布の上側 1%点は $\chi_{10}^2(0.01) = 23.2$. $\chi^2 > 23.2$ より仮説は棄却される．

10.3 ポアソン分布の平均を推定すると $\hat{\lambda} = 1$. 最後の 4 つをまとめると $\chi^2 = 1.456$. 自由度 $k - r - 1 = 4 - 1 - 1 = 2$ の χ^2 分布の上側 5%点は $\chi_2^2(0.05) = 5.99$. $\chi^2 < 5.99$ より仮説は棄却できない．

10.4 $\chi^2 = 7.11 > \chi_1^2(0.05) = 3.84$ で棄却される．効果ありと見なしてよい．

10.5 $\chi^2 = 5.22 < \chi_4^2(0.05) = 9.49$ で棄却できない．意見の違いがあるとはいえない．

10.6 $\chi^2 = 2.35 < \chi_3^2(0.05) = 7.81$ で棄却できない．クラスによって違いがあるとはいえない．

索　引

あ行

位置の尺度 11
一様分布 71
一様乱数 100
上側棄却域 122
円グラフ 11
重みつき平均 18

か行

回帰式 146
回帰直線 147
階級 7
　　　—値 12
　　　—の幅 9
χ^2 検定 153
χ^2 統計量 153
χ^2 分布 94
階乗 28
カウンティングルール 27
確率 34
　　　—の加法定理 36
　　　—の乗法定理 38
確率関数 47
確率集合関数 33
確率分布 45
　　　—の分散 51
　　　—の平均 51
確率変数 45
　　　—の標準化 77

確率密度関数 47
加重平均 18
仮説 121
数え上げ法則 27
片側検定 123
偏り 103
加法定理 36
間隔尺度 5
観測度数 153
ガンマ関数 95
幾何平均 17
棄却 122
棄却域 122
危険率 122
記述統計 2
期待値 51
期待度数 153
帰無仮説 122
共分散 143
均一性の検定 161
空事象 32
区間推定 3, 101
矩形分布 71
組み合わせ 28
クラーメル・ラオの不等式 ... 106
検定 3
古典的アプローチ 35
根元事象 30

さ行

最小2乗法 146
採択 124
最頻値 15
最良な推定量 106
算術平均 12
散布図 142
試行 30
事象 30
　　—の確率 34
　　—の独立性 42
指数分布 73
下側棄却域 122
質的データ 5
自由度 95
集落抽出法 2
順序尺度 5
順列 27
条件付確率 37
乗法定理 38, 42
信頼区間 106
信頼係数 106
信頼限界 106
推測統計 2
推定 3, 101
　　—値 102
　　—量 102
　　—量の偏り 103
数学的期待値 51
スタージェスの式 9
スチューデントのt分布 ... 96
正規分布 74
　　—曲線 24
正の完全相関 145
正の相関 144

積事象 32
説明変数 147
線形回帰式 146
全事象 30
全数調査 1
層化抽出法 2
相関係数 143
相関図 142
相対度数 8

た行

第1種の過誤 125
第2種の過誤 125
対立仮説 122
多変量統計解析 141
単一事象 30
単純無作為抽出法 1
チェビシェフの定理 24
中位数 14
中央値 14
柱状図 10
中心極限定理 86
調和平均 16
t検定 133
t分布 96
適合度検定 153
点推定 3, 101
統計的仮説検定 121
統計的手法 1
統計的推測 2
統計量 83
同様に確からしく起こる ... 35
独立 42
　　—性の検定 159
　　—な事象 42

度数 7
　—分布表 6
　—論的なアプローチ 35

な 行

2項係数 29
2項展開 29, 58
2項分布 57
　—の正規近似 89

は 行

場合の数 27
排反な事象 32
パスカルの三角形 29
パーセント点 96
ばらつきの尺度 19
パラメータ 3, 60
範囲 20
半数補正 91
ヒストグラム 10
標準化 77
標準正規分布 76
標準正規乱数 100
標準偏差 21, 53
標本 1
　—空間 30
　—相関係数 149
　—調査 1
　—の大きさ 1
　—分散 21
　—分布 83
　—平均 12
比例尺度 5
比例抽出法 2
フィッシャーのz変換 150
複合事象 30

負の完全相関 145
負の相関 144
不偏推定量 103
不偏性 103
不偏分散 21, 99
分割表 157
分散 21, 51
分布関数 48
分類尺度 5
平均 51
平均偏差 20
ベイズの定理 40
ベン図式 32
変動係数 24
ポアソン近似 69
ポアソン分布 65
母集団 1
　—分散 21
　—平均 12
母数 3, 60
母相関係数 149
母分散 21
母平均 12

ま 行

無限母集団 1
無作為抽出 1
無相関 144
メディアン 14
目的変数 147
モード 15

や 行

有意 125
　—水準 122, 125

有限母集団 1
余事象 32

ら 行

乱数 2, 71
　　—サイ 2
　　—表 2
離散型 5
　　—確率分布 46
　　—確率変数 46
　　—データ 5
領域 121
両側棄却域 122
両側検定 123

量的データ 5
理論度数 153
臨界値 127
累積相対度数 9
累積度数 8
累積分布関数 48
連続型 6
　　—確率分布 46
　　—確率変数 46
　　—データ 5

わ 行

和事象 32

〈著者略歴〉

本田　勝（ほんだ・まさる）

- 1965 年　早稲田大学第一理工学部数学科卒業
- 現　在　獨協大学大学院経済学研究科・経済学部経営学科教授
  この間、1987 年から 1989 年、2006 年から 2007 年
  アメリカ、スタンフォード大学統計学科客員研究員

- 著訳書　誤差論の基礎（共訳　総合科学出版）
  数値解析の基礎（共訳　培風館）
  電子計算機演習 FORTRAN（共著　実教出版）
  基本統計学（単著　産業図書）

石田　崇（いしだ・たかし）

- 1999 年　早稲田大学理工学部経営システム工学科卒業
- 2001 年　早稲田大学大学院理工学研究科修士課程修了
- 2005 年　早稲田大学理工学部経営システム工学科助手
- 2008 年　博士（工学）（早稲田大学）
- 現　在　早稲田大学メディアネットワークセンター助教

新版　基本統計学

2009 年 4 月 15 日　初　版
2011 年 3 月 25 日　第 2 刷

　　　著　者　本田　勝
　　　　　　　石田　崇
　　　発行者　飯塚尚彦
　　　発行所　産業図書株式会社
　　　　　　　〒 102-0072　東京都千代田区飯田橋 2-11-3
　　　　　　　電話　03(3261)7821（代）
　　　　　　　FAX　03(3239)2178
　　　　　　　http : //www.san-to.co.jp
　　　装　幀　菅　雅彦

印刷・製本　平河工業社

© Masaru Honda
　Takashi Ishida　2009

ISBN978-4-7828-0509-1 C3041